工业和信息产业职业教育教学指导委员会"十二五"规划教材
全国高等职业教育计算机系列规划教材

Visual Basic.NET 程序设计项目教程

丛书编委会

电子工业出版社.
Publishing House of Electronics Industry
北京·BEIJING

内 容 简 介

本书根据当今高职高专学生的职业需求，从实际应用的角度出发，采用工作过程导向、任务驱动案例的方式，详细地讲述了在 Microsoft Visual Studio 2005 平台下使用 Visual Basic.NET 进行程序开发的过程。

全书由 16 个任务、53 个实例和 19 个实训项目组成，由浅入深地介绍了面向对象的程序设计思想和程序设计方法，常见控件的使用，控制流程、界面设计、图形设计、文件操作、类的应用、数据库管理和 web 应用等。

本书包含大量实例和实训项目，并免费提供所有实例和实训项目的源程序、配套的电子教案、课件及网络课程建设的网站，方便教师教学使用和学生自学使用。本书不仅适用于高职高专教学需要，亦可作为初学者的入门参考资料。

图书在版编目（CIP）数据

Visual Basic.NET 程序设计项目教程 /《全国高等职业教育计算机系列规划教材》丛书编委会编. —北京：电子工业出版社，2011.6

工业和信息产业职业教育教学指导委员会"十二五"规划教材·全国高等职业教育计算机系列规划教材

ISBN 978-7-121-13702-0

Ⅰ．①V… Ⅱ．①全… Ⅲ．①BASIC 语言－程序设计－高等职业教育－教材 Ⅳ．①TP312

中国版本图书馆 CIP 数据核字（2011）第 101187 号

策划编辑：左 雅
责任编辑：陈 虹 特约编辑：董 玲
印　　刷：三河市鑫金马印装有限公司
装　　订：
出版发行：电子工业出版社
　　　　　北京市海淀区万寿路 173 信箱　邮编　100036
开　本：787×1092　1/16　印张：16.5　字数：441 千字
印　次：2011 年 6 月第 1 次印刷
印　数：3 000 册　定价：33.00 元

凡所购买电子工业出版社图书有缺损问题，请向购买书店调换。若书店售缺，请与本社发行部联系，联系及邮购电话：（010）88254888。

质量投诉请发邮件至 zlts@phei.com.cn，盗版侵权举报请发邮件至 dbqq@phei.com.cn。

服务热线：（010）88258888。

丛书编委会

本书编委会

丛书编委会院校名单

（按拼音排序）

保定职业技术学院

渤海大学

常州信息职业技术学院

大连工业大学职业技术学院

大连水产学院职业技术学院

东营职业学院

河北建材职业技术学院

河北科技师范学院数学与信息技术学院

河南省信息管理学校

黑龙江工商职业技术学院

吉林省经济管理干部学院

嘉兴职业技术学院

交通运输部管理干部学院

辽宁科技大学高等职业技术学院

辽宁科技学院

南京铁道职业技术学院苏州校区

山东滨州职业学院

山东经贸职业学院

山东省潍坊商业学校

山东司法警官职业学院

山东信息职业技术学院

沈阳师范大学职业技术学院

石家庄信息工程职业学院

石家庄职业技术学院

苏州工业职业技术学院

苏州托普信息职业技术学院

天津轻工职业技术学院

天津市河东区职工大学

天津天狮学院

天津铁道职业技术学院

潍坊职业学院

温州职业技术学院

无锡旅游商贸高等职业技术学校

浙江工商职业技术学院

浙江同济科技职业学院

前　言

本教材作为高职高专教学用书，是根据当前社会对高职高专学生的职业需求，从实际应用的角度出发，以基于工作过程为导向，采用任务驱动案例的新型模式编写的。本书以培养计算机程序设计开发人才为目标，以企业对人才的需求为依据，把程序开发和设计的思想融入教材中，将基本技能和主流技术相结合。

Visual Basic .NET 是微软公司推出的新一代面向对象的程序设计语言，它功能强大、编程简单快捷，因此深受广大程序开发人员的喜爱，目前各大专院校计算机类专业及相关专业也将 Visual Basic .NET 作为面向对象程序设计教学课程的主干语言之一。本书采用的开发平台是 Microsoft Visual Studio 2005。

全书精心设计了 16 个任务，每个任务编写重点突出、结构合理、衔接紧凑，将所需知识贯穿到每个任务的实际操作中，并通过 53 个实例，更加具体的介绍 Visual Basic.NET 编程的基础知识和操作技巧，侧重培养学生的实际操作能力，将学习、思考和上机操作相结合。

教材编写特点：

（1）抛弃了先讲理论后讲实例的传统模式，而是采用基于工作过程的新型模式，以任务驱动为核心，在具体的完成任务的实施过程中进行编写，目的是让学生在完成任务的操作过程中掌握知识点，使理论知识具体化和实用化，学习目标更加明确。

（2）在每个任务中都设置了知识要点和操作技巧环节，目的是在完成每个任务基础上对该任务所需要的知识点的归纳总结以及在实际应用中可以使用的技术经验的总结，具有很强的针对性，起到加强和深化理论知识和强化实际应用能力的作用。

（3）结合每个任务的内容，提供了相关的实训项目，使学生能巩固已经学到的知识和技巧，同时培养学生的独立思考的能力，真正地做到了跟我学、学中做的理想效果。

（4）为方便教师教学使用，本教材免费提供教学电子课件，并提供教材的教学大纲、上机实训大纲、教材中所举示例和上机实训的源程序，供教师与学生参考使用。

（5）本教材对应的网络课程建设的网站，http://www.ssdzy.com/pages/jpk/wendanli/default1.asp。

教材分为 16 任务，各个任务的内容布局如下：任务 1 介绍 VB.NET 的程序设计思想；任务 2 介绍 VB.NET 的程序设计方法；任务 3 介绍窗体的使用；任务 4 介绍编程的基础知识和标签、文本框和命令按钮的使用；任务 5 介绍控制流程中的选择结构；任务 6 介绍循环控制结构；任务 7 介绍数组和结构以及复选框、单选按钮和分组框控件的使用；任务 8 介绍过程和集合；任务 9 介绍列表框、组合框、图片框和滚动条控件的使用；任务 10 介绍计时器控件和鼠标、键盘事件的应用；任务 11 介绍菜单控件和通用对话框的使用；任务 12 介绍对象和类的基础知识；任务 13 介绍类的继承性、重载和多态性；任务 14 介绍文件系统控件和文件的基本操作；任务 15 介绍数据库的设计和管理；任务 16 介绍 Web 应用。

在教学安排上，本课程参考学时为 64 学时，在一学期内完成。建议授课学时为 34 学时，上机学时为 30 学时。

本教材由沈阳师范大学职业技术学院温丹丽和张丽娜共同担任主编，高源和王晓丹担任副主编，王晓红、刘春颖和工旭参编。编写内容分工如下：温丹丽编写任务 1、任务 2、任务 3、任务 15 和任务 16，并负责全书的统稿工作；张丽娜编写任务 9 至任务 12 和任务 14；高源编写任务 4 和任务 5；王晓丹编写任务 6；王晓红编写任务 7；刘春颖编写任务 8；王旭编写任务 13。

　　本教材不仅适用于高职高专教学需要，亦可作为初学者的入门参考资料。由于编者水平有限，书中难免出现疏漏和不足之处，敬请读者批评指正。

编　者

目 录

任务 1

认识 Visual Basic.NET

1.1 任务要求

了解 Visual Basic.NET 的发展历程，掌握 Visual Studio.NET 框架及 Visual Basic.NET 新特性。

1.2 知识要点

1.2.1 Visual Basic.NET 简介

自 1964 年 BASIC（Beginners ALL Purpose Symbolic Interchange Code）问世以来，已经历了基本 BASIC 语言、BASIC 语言（即 MS-BASIC，GS-BASIC）、结构化的 BASIC 语言（Turbo BASIC，QBASIC 等）和 Visual Basic 语言 4 个发展阶段。该语言之所以经久不衰，具有强大的生命力，是因为它是一种容易学习、功能强、效率高的编程语言。而 Visual Basic.NET 的出现，更使 BASIC 语言成为 Windows 环境下广泛使用的编程语言。

1991 年 Visual Basic1.0 推出以来，Visual Basic 的版本不断得到更新，功能不断得到增强。2002 年微软公司推出的.NET 是一种开发平台，它集 Visual Basic.NET、Visual C#.NET 和 Visual C++等开发工具为一体，集成到 Visual Studio.NET 中。因此，Visual Basic.NET 是

微软.NET 平台上编程的一种高级语言。由于 Visual Basic.NET 是从 Visual Basic 6.0 发展而来，因此也被称为 Visual Basic 7.0。

Visual Basic 没有提供如 C++和 Java 这类高级语言的全部特性，2002 年 2 月随着 Visual Basic.NET 的发布，Microsoft 消除了这些限制，使 Visual Basic.NET 变成了一个功能特别强大的开发工具。

Visual Basic.NET 程序结构十分清晰，不仅易于学习掌握和使用，更主要的是，它具有快速开发应用程序的功能，因而成为功能强大的面向对象的程序设计语言，它也为开发人员掌握.NET 提供了一个方便的入口点。Visual Basic.NET 已经成为所有编程人员的理想选择。

1.2.2 Visual Studio.NET 框架

Visual Studio.NET PlatForm 是一个软件开发平台，而不仅是简单的一个开发工具或一门计算机语言，其主要构成有：.NET 框架（.NET Framework）、.NET Buiding Block Services、.NET 企业服务（Enterprise Servers）和 Microsoft Visual Studio.NET。

1．.NET 框架构成

.NET 框架又被称为 Web 服务引擎，它提取出微软组件对象模型（COM）的精华，将它们与松散耦合计算的精华有机地结合在一起，生成了强大、高效的 Web 组件系统。.NET 框架的组成结构如图 1-1 所示，主体有三个部分：通用语言运行库（Common Language Runtime，简称 CLR）、具有多层结构的统一的类库集合（Framework Class Library）和高级版"活动服务器页面"（ASP.NET 又名 ASP+）。另外还有两个部分：一是用户界面（User Interface），用于开发基于 Windows 的更强大的人机交互界面；另一个是从老版本的 ADO（Active Data Object）升级而来的功能更为强大的新一代数据访问技术 ADO.NET，它支持断线编程模式，同时还支持可扩展标识语言 XML（Extensible Markup Language）。

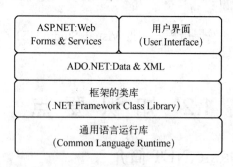

图 1-1　.NET 框架的组成结构

2．.NET 框架的主要内容

.NET 框架的主要部分是通用语言运行库（CLR）、统一的编程类（Class Library）和 ASP.NET，下面分别给予简单介绍。

（1）通用语言运行库（CLR）。

在整个.NET 框架中，从技术角度上看，最重要的概念就是通用语言运行库（CLR）。在组件运行过程中，运行库负责管理内存分配、启动或取消线程和进程、实施安全性策略、同时满足当前组件对其他组件的需求。在开发阶段，运行的作用有些变化：与现今的 COM 相比，运行库的自动化程度大大提高了，因而开发人员的工作变得非常轻松。尤其是映射功能将使代码编写量锐减，这些代码是开发人员在将业务逻辑转化成可复用的组件进行编程时所需要的。

实际上每种编程语言都有自己的运行库。Visual Basic 开发系统具有最为明显的运行库（名为 VBRUN），Visual C++和 VF、Jscript、SmallTalk 和 Java 一样，有一个运行库 MSVCRT。.NET 框架的关键作用是它提供了一个跨编程语言的统一的编程环境，这也是它能独树一帜的根本原因。

（2）统一的编程类（Class Library）。

.NET 框架中的类为开发人员提供了一个统一的、面向对象的、层次化的、可扩展的类库集（API）。每种基础类都定义了.NET 平台潜在的某些属性。属性相似的基础类被包含到同一命名空间中（Namespace）。当今，C++开发人员使用的是微软基础类库，Java 开发人员使用的是 Windows 基础类库，而 Visual Basic 用户使用的又是 Visual Basic API 集。而.NET 框架的出现，则统一了微软当前各种不同的框架。因此，开发人员不再需要多种框架就能顺利编程。.NET 框架实现了跨语言继承性、错误处理功能和调试功能，在.NET 平台上，Microsoft 实现了其内部语言间的轻松互换。

（3）ASP.NET（又称 ASP+）。

ASP+是使用.NET 框架提供的类库构建而成的，它提供了一个 Web 应用程序模型，该模型由一组控件和一个基本结构组成。有了它，Web 应用程序的构建就变得非常容易了。

1.2.3 Visual Basic.NET 新特性

Visual Basic.NET 是真正面向对象以及支持继承性的语言。其主要特点包括：

1. 统一的集成开发环境

Visual Studio.NET 为 Visual Basic.NET、Visual C++.NET 和 Visual C#.NET 等提供了统一的集成开发环境（IDE），其中集成了许多可视化辅助工具，可以大大简化应用程序的开发，提高编程效率，同时使不同语言之间的数据和代码交换变得更加便利。在 Visual Studio.NET 环境中，可以直接显示网页，并采用了更有效的窗口管理策略，如文档标签化、窗口自动隐藏等，从而可以提高浏览效率、节省屏幕空间。

2. 真正的面向对象

Visual Basic 6.0 是基于对象（Object-based）而不是面向对象（Object-oriented）语言，而 Visual Studio.NET 是完全面向对象的语言。从 Visual Basic 4.0 开始，Microsoft 就自称实现了封装性，但直到 Visual Basic 6.0，其封装性仍然没有得到完善，如没有继承性。至于多态性，在 Visual Basic 6.0 中只能通过接口来实现。为了实现面向对象的程序设计，Visual Basic.NET 引入了很多新的和改进的性能，包括继承、接口和重载等，从而使 Visual Basic.NET 成为一种强大的、真正面向对象的编程语言。

3. 丰富的数据类型

Visual Basic.NET 具有十分丰富的数据类型，可以满足各种运算需求。其中整数就有 8

位、16 位、32 位和 64 位；浮点数除保留了原来的单精度（32 位）和双精度（64 位）类型外，还增加了 128 位的 Decimal 数据类型，该类型数据的精度可达 28 位有效数字。对于算术运算和字符串连接运算，可以使用形如"+="的运算符。此外，在变量的定义、变量及数组的初始化等方面，都提供了与 C 语言类似的功能，这样大大方便了代码的编写，提高了编程效率。

4．改进了的窗体引擎

在 Visual Basic.NET 中，Microsoft 摒弃了旧的窗体引擎，代之以 Windows 窗体（Window Form）。Windows 窗体是制作标准 Win32 屏幕的一种更高级的方法，它的基本构架类似于任何基于.NET 框架的语言中的窗体，它为该框架下的所有语言提供了一套丰富、统一的控件和绘图功能，以及用于图形和绘图的底层 Windows 服务的标准应用程序接口（Application Programming Interface，API）。有了 Windows 窗体，任何图形和屏幕函数就不再需要使用内置的 Windows 图形接口了。

5．引入了结构化错误处理功能

它类似于 C++、Java 等语言中的错误处理机制，提供了嵌套、控制和易于理解的块结构，可以完成更健壮的结构化错误处理，并可大大提高代码的可读性。此外，Visual Studio.NET 中的所有语言都使用相同的调试器，可以实现对代码的各种调试，包括对 Visual Basic.NET、脚本和 SQL 等语言的交叉调试、公共语言运行库 CLR（Common Language Runtime，CLR）和 Win32 应用程序的调试、对主机或远程主机运行程序的附加调试、多个程序的同时调试等。

6．方便的 Web 开发

Visual Basic.NET 的一个重要特性是建立 Web 应用程序，即建立运行于 Web 服务器上的 Visual Basic 应用程序。Visual Basic.NET 提供了更为直观、方便的 Web 应用程序开发环境，它不再支持以前版本中的 IIS 应用程序或 DHTML 应用程序，而改为以直接编辑 ASP.NET 的方式开发 Web 应用程序。与以前版本的 ASP 相比，ASP.NET 的功能和效率都有较大的增强，可以大大简化 Web 应用程序的开发，提供更为丰富的用户界面。Web 应用程序的开发主要包括两个主题，即 Web 窗体和 Web 服务。使用 Web 窗体，可以迅速而方便地通过 ASP.NET 建立 Web 应用程序的用户界面。Web 窗体页面是现有 Web 开发工具的革命性的进步，它兼有速度和快速应用程序开发（Rapid-Application Development，RAD）的强大功能。Web 窗体可以在任何浏览器或移动设备上输出，并且能自动提交正确的、与浏览器风格、布局兼容的 HTML。利用 Web 服务，可以通过 Internet 协议调用其他组件或应用程序。它允许使用标准协议（如 HTTP）进行数据交换，而且能通过 XML 消息移动数据，Web 服务不依赖于某种特定组件技术或对象调用规范，因此可以使用任何操作系统和语言。

7．新一代资料访问

Visual Basic.NET 通过 ADO. NET 实现资料访问。ADO. NET 是在 ADO 的基础上改进而来的，但是严格的说，ADO.NET 不是 ADO 的下一个版本，而是全新的对象模型，它比 ADO 更适用于分布式及 Internet 等大型应用程序环境。为了适应多人同时访问和更具扩展性，ADO.NET 采用了专门为.NET 平台设计的数据访问结构，即离线访问模式。ADO.NET 可以把数据库中的任何数据转换为 XML，然后再访问它，从而使得支持程序的编写更加简单，因为只要把数据转换为 XML 格式即可实现。

8．多线程的直接支持

多线程或自由线程是 Visual Basic.NET 新增加的重要功能。在 Visual Basic 6.0 中要实现多线程是十分困难的，因为它本身不支持多线程，只能借助于 Win32 API 来实现。而在 Visual Basic.NET 中，只要利用系统类库所提供的对象和方法，即可方便地实现多线程，从而大大降低开发难度，减少错误的发生。实际上在 Visual Basic.NET 中，不但可以建立多线程应用程序，而且提供了线程池功能和其他高级特性。

以上是 Visual Basic.NET 的主要特性。除以上特性外，Visual Basic.NET 在窗体、控件、项目类型、组件和组件的建立以及国际化应用等方面都有一些新的特点。这些新特性不仅大大增强了 Visual Basic.NET 的功能，而且使用更加方便。

任务 2

创建一个简单的 Visual
Basic.NET 应用程序

2.1 任 务 要 求

设计一个程序，用户界面上有一个标签，单击窗体，在标签中显示"欢迎您学习 Visual Basic.NET！"。

2.2 知 识 要 点

2.2.1 Visual Basic.NET 的启动与退出

Visual Basic.NET 应用程序的开发是在一个封闭的集成环境中完成的，这个集成环境就是 Visual Studio.NET。为了用 Visual Basic.NET 开发应用程序，必须启动 Visual Studio.NET。因此所谓启动 Visual Basic.NET，实际上就是启动 Visual Studio.NET。这里要注意，就集成开发环境（IDE）来说，只有 Visual Studio.NET，没有 Visual Basic.NET。由于本书介绍的是 Visual Basic.NET，虽说是将 Visual Basic.NET 作为集成开发环境，但实际上它使用的是 Visual Studio.NET 集成开发环境。开机进入中文 Windows 操作系统后，可以有多种方法启动 Visual Studio.NET。常用是使用"开始"菜单中的"程序"命令。具体操作如下：

（1）单击 Windows 环境下的"开始"按钮，弹出一个菜单，选择"程序"菜单命令，将弹出一个级联菜单。

（2）单击"Microsoft Visual Studio.NET"选项，再弹出一个级联菜单，即 Visual Studio.NET 程序组，如图 2-1 所示。

（3）单击"Microsoft Visual Studio 2005"选项，即可进入 Visual Studio.NET 起始页中，Visual Studio.NET 起始页如图 2-2 所示。

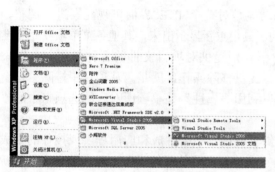

图 2-1　通过"开始"菜单启动 Microsoft Visual Studio. NET　　　图 2-2　Visual Studio.NET 起始页

2.2.2　Visual Studio.NET 集成环境

用户进入 Visual Studio.NET 起始页后，选择"文件"→"新建项目"菜单命令，打开"新建项目"对话框，在左边"项目类型"中选择"Visual Basic"目录下的"Windows"，在右边的"模板"中选择"Windows 应用程序"，"新建项目"对话框如图 2-3 所示，下面的文本框显示的是系统默认的文件名"WindowsApplication1"，用户可以根据需要重新在此命名。单击"确定"按钮即进入 Visual Basic.NET 集成环境，如图 2-4 所示。

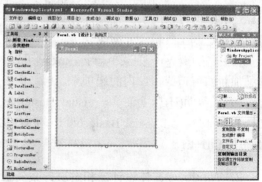

图 2-3　"新建项目"对话框　　　　　图 2-4　Visual Basic .NET 集成环境

1. 菜单栏

菜单栏位于整个 IDE 界面的最上方，统领着整个 IDE 的操作，它将所有的操作归类分成若干个主菜单，如图 2-4 所示，每个主菜单下各有下一级子菜单，层次分明。

（1）"文件(F)"主菜单。从最开始建立一个新的项目时就用到了这个菜单，它主要提供对文件、项目的操作，其旁边的带下画线的 F 字母代表其快捷键是 Alt+F。经常使用快捷键能大大提高操作的速度。打开文件主菜单，下面有"新建项目"、"打开项目"、"关闭项目"、"添加"等命令。

（2）"编辑(E)"主菜单。这个菜单下的各个功能主要针对程序代码，都是最常见的文本编辑菜单，如"撤销"、"重复"、"剪切"、"复制"、"粘贴"、"删除"等，同样这些菜单项都有其相应的快捷键，例如 Ctrl+C 组合键是复制，Ctrl+V 组合键是粘贴，Ctrl+Z 组合键是撤销。

（3）"视图(V)"主菜单。视图主菜单的功能是对整个 IDE 界面可视元素进行调整，例如，可以单击"工具箱"菜单项将已经关闭的工具箱重新显示出来，其他各菜单项以此类推。

（4）"项目(P)"主菜单。在项目主菜单下分别提供对项目文件的各种操作，可以添加项、窗体、控件、模块、类和引用等，同时也提供移除操作，就是"从项目中排除"这个菜单项。当一个解决方案中有多个项目时，可以利用"属性"菜单项所对应的选项卡中的"应用程序"中的"启动窗体"设置启动项目。

（5）"生成(B)"主菜单。这个主菜单提供了解决方案的生成和应用程序或控件的生成，在 Visual Basic 6.0 版本中，"生成"菜单是"文件"主菜单下的一项，现在独立为一个新的主菜单，主要是因为有了解决方案这个概念。简单的说，解决方案就是在项目之上的一组项目的集合，而项目就相当于 Visual Basic 6.0 中工程的概念，管理着若干个窗体文件和模块文件等。

（6）"调试(D)"主菜单。对于程序员而言，调试程序并寻找纠正代码中的错误是一件很痛苦的事情。Visual Studio.NET 提供了丰富的调试工具，在这个主菜单里就可以找到相应的项目，"窗口"子菜单下的两个菜单项"即时"和"断点"分别提供了显示即时子窗体和断点子窗体的功能，这两个窗体一般都是在 IDE 主工作区的下方也就是编译输出区里显示。

（7）"工具(T)"主菜单。Visual Basic.NET 除了自身比较强大的开发功能外，当然还共享了 Visual Studio.NET 这一套开发工具的一些外部辅助开发工具，这些工具在该菜单下都可以找到，如连接数据库的工具、附加到进程等，原来有些是 VC++的工具，现在 Visual Basic.NET 也可以用了。此外，在该菜单栏下还有自定义、选项等菜单，这些菜单用来提供用户自己定制工具箱、界面等功能。

（8）"窗口(W)"主菜单。该主菜单可以对 IDE 界面的若干个窗口进行设置，同时还可以添加新的窗口或窗口内的选项卡。

（9）"帮助(H)"主菜单。Visual Basic.NET 提供的帮助文档是 Visual Studio.NET 的帮助文档的一部分，比 Visual Basic 6.0 下的 MSDN 更加丰富，称为"动态帮助"，其快捷键不是 F1 而是 Ctrl+F1。

2．Windows 窗体设计器和解决方案资源管理器

（1）"Windows 窗体设计器"窗口。Visual Studio.NET 提供了多种设计器，包括 Windows 窗体设计器、Web 窗体设计器、组件设计器、XML 设计器和控件设计器等，其中最基本的和较为常用的是 Windows 窗体设计器位于如图 2-4 所示的中间区域。通常把设计器所在的窗口称为主窗口，在这里，还可以显示代码窗口、帮助窗口及起始页窗口等。

"Windows 窗体设计器"窗口简称窗体，是应用程序最终面向用户的窗体，它对应于应用程序的运行结果。各种图形、图像和数据等都是通过窗体或窗体中的控件显示出来的。

在设计应用程序时，窗体就像一块画布，在这块画布上可以画出组成应用程序的各个构件。程序员根据程序界面的要求，从工具箱中选择所需要的工具，并在窗体中画出来，这样就完成了应用程序设计的第一步。

建立一个新的项目后，自动建立一个窗体，其默认名称和标题为 Form1。窗体中布满小点的部分称为工作区或操作区，这些小点构成了窗体上的网格，用来对齐控件。在默认情况下，窗体上显示网格，其大小为 8×8，所画的控件与网格对齐，如不显示网格，改变网格大小，或不想让控件与网格对齐，则可按如下步骤操作：

① 执行"工具"菜单中的"选项"命令，打开"选项"对话框。

② 在对话框左部的窗格中选择"Windows 窗体设计器"，"选项"对话框如图 2-5 所示。

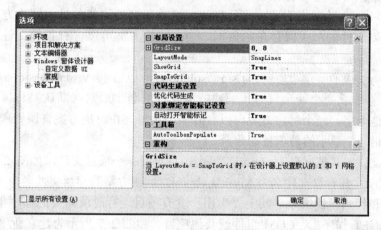

图 2-5 "选项"对话框

③ 在对话框的右部窗格中修改网格的大小，是否显示网格以及是否对齐网格线。其中，Gridsize 用来设置网格的大小，可直接修改其数值；ShowGrid 用来确定是否在窗体上显示网格，如果设置为 True 则显示，如果设置为 False 则不显示，可以通过双击"ShowGrid"切换；SnapToGrid 用来确定窗体上的控件是否与网格线对齐，如果设置为 Ture 则对齐，如果设置为 False 则不必对齐，可以通过双击"SnapToGrid"切换。

📖 注意

设置的改变不会对当前的窗体设计器产生影响，只有在退出 IDE 再重新启动后才能起作用。左上角是窗体的标题，右上角有 3 个按钮，其作用与 Windows 下普通窗口中的图标相同。

（2）"解决方案资源管理器"窗口。在默认情况下，主窗口右侧显示的是"解决方案资源管理器"窗口，它类似于 Visual Basic 6.0 版本中的工程资源管理器窗口，"解决方案"相当于以前版本 Visual Basic 6.0 中的"工程组"。不同的是"工程组"中只能含有 Visual Basic 的项目（工程），而"解决方案"中可以含有用不同语言开发的项目。在 Visual Basic.NET 集成开发环境中，可以通过多种方式打开解决方案资源管理器窗口。例如，执行"视图"菜单中的"解决方案资源管理器"命令、单击标准工具栏中的"解决方案资源管理器"按钮和按

Ctrl + R 组合键。如图 2-6 所示为含有 一 个项目的解决方案资源管理器窗口。

在解决方案资源管理器中有一个工具栏，其工具图标与当前所选中的条目有关。当选中窗体文件（Form1.vb）时，能显示出各个工具图标，用户可以用鼠标停放在各图标上，系统会显示各图标的标识。工具图标的功能如下：

① "属性"，显示当前所选择的条目的属性。

② "显示所有文件"，显示当前解决方案中的所有文件夹和文件，包括隐藏文件。

③ "刷新"，刷新项目的活动视图中被选条目的状态。

④ "查看代码"，打开代码编辑器，对代码进行编辑。

⑤ "视图设计器"，打开窗体设计器，设计用户界面。

利用解决方案资源管理器，可以方便地组织需要设计开发的项目、文件及配置应用程序或组件。在解决方案资源管理器窗口中显示了解决方案及其项目的层次结构，以树形结构方式列出了每个项目中的条目，并可打开、修改和管理这些条目。解决方案资源管理器窗口中的条目以文件的形式保存在磁盘上，一个解决方案可以含有各种文件，其中常用的有以下三种：

（1）解决方案文件，其扩展名为.sln（solution），相当于 Visual Basic 6.0 中的工程组（.vbp）文件。在建立一个新项目时，解决方案文件的名字通常（默认）与项目文件相同，但可以改为其他名字。一个解决方案可以含有多个项目，在解决方案资源管理器窗口中、解决方案名后面括号中显示的是项目的数量。

（2）项目文件，其扩展名为.vbporj，每个项目对应一个项目文件，如图 2-6 所示，项目的名字为 Myfirst，其存盘文件名为 Myfirst.vbproj，解决方案的存盘文件名为 Myfirst.sln。项目通常由引用和代码模块组成，其中"引用"含有项目运行时所需要的程序集（assembly）或组件，包括.NET 程序集、COM 组件或其他项目，如图 2-7 所示为建立新项目时系统添加的引用条目。

（3）代码模块文件，其扩展名为.vb，在 Visual Basic.NET 中，所有包含代码的源文件都以.vb 作为扩展名。因此，窗体模块、类模块或其他代码模块，存盘时文件的扩展名都是.vb。如图 2-6 所示有两个代码模块文件，其中 Form1.vb 是窗体模块的文件名，是在建立新项目时建立的，而 AssemblyInfo.vb 是由系统自动建立的，用户不必了解或修改它的内容。

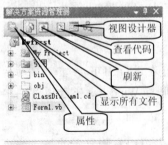 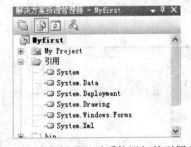

图 2-6 含有一个项目的解决方案资源管理器窗口 图 2-7 建立新项目时系统添加的引用条目

3. 属性窗口和工具箱窗口

（1）属性窗口。在 Visual Basic.NET 中，每个对象都可以用一组属性来描述其特征，而属性窗口就是用来设置对象（如窗体或窗体中的控件）属性的。如图 2-8 所示为按字母顺序排列的属性窗口。窗口中的属性默认为按字母顺序排列，可以通过窗口右侧的垂直滚动条找到任意一个属性。除窗口标题外，属性窗口分为 4 部分，分别为类和名称空间、工具栏、属性列表和对当前属性的简单解释。类和名称空间位于属性窗口的顶部可以通过单击其右端的向下箭头下拉显示列表，其内容为应用程序中每个类的名字及类所在的名称空间。启动 Visual Basic.NET 后，类和名称空间框中只含有窗体的信息。随着窗体中控件的增加，将把这些对象的有关信息加入到名称空间框的下拉列表中。在一般情况下，属性窗口中显示的是活动编辑器或设计器中的对象的属性。

属性显示方式分为两种，即按字母顺序和按分类顺序，分别通过单击工具栏中相应的工具按钮来实现。如果单击"按字母顺序"按钮，则按字母顺序显示属性列表，如图 2-8 示；如果单击"按分类顺序"按钮，则按分类顺序显示属性列表。

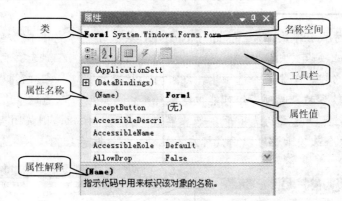

图 2-8　按字母顺序排列的属性窗口

在属性列表部分，可以滚动显示当前活动对象的所有属性，以便观察或设置每项属性的当前值。属性的变化将改变相应对象的特征。

在一般情况下，每选择一种属性（条形光标位于该属性上），在"属性解释"部分都要显示该属性名称和功能说明。在属性窗口中任意位置（标题栏除外）右击，在弹出的菜单中选择"说明"命令，即可去掉"属性解释"部分；用同样的操作可以加上"属性解释"。

每个 Visual Basic.NET 对象都有其特定的属性，可以通过属性窗口来设置，对象的外观和对应的操作由所设置的值来确定。有些属性的取值是有一定限制的，例如对象的可见性只能设置为 True 或 False（即可见或不可见）；而有些属性（如标题）可以为任何文本。在实际的应用程序设计中，不可能也没必要设置每个对象的所有属性，很多属性可以使用默认值。

（2）工具箱窗口。工具箱窗口由工具图标组成，这些图标是 Visual Basic.NET 应用程序的构件，称为图形对象或控件（Control），每个控件由工具箱中的一个工具图标来表示。

在一般情况下，工具箱位于窗体的左侧，工具箱主要用于应用程序的界面设计。在设计阶段，首先由工具箱中的工具（即控件）在窗体上建立用户界面，然后编写程序代码。界面的设计完全通过控件来实现，可以任意改变其大小，或移动到窗体的任何位置。

4．窗口管理

在 Visual Basic.NET 集成开发环境中可以同时打开多个窗口，Visual Basic.NET 采用了十分有效的窗口管理策略，可以提高浏览效率、有效地利用屏幕空间。

Visual Basic.NET 中的窗口大体上可以分为两类，一类是主窗口，另一类为其他窗口，这两类的定位方式是不一样的。

（1）主窗口。通常把窗体设计器、代码窗口、帮助信息等所占据的窗口称为主窗口。与其他窗口相比，主窗口的一个重要特点是相对固定，在默认情况下，主窗口一般位于集成环境的中部，工具栏的下方但也可以移到其他位置，通常主窗口作为一个整体移动。

主窗口有两种显示方式，一种是"选项卡式文档"，另一种是"MDI 环境"。在默认情况下，使用的是"选项卡式文档"。这种方式可以通过"选项"对话框来设置，具体操作是，选择"工具"菜单中的"选项"命令，打开"选项"对话框，如图 2-9 所示，在该对话框的"环境"选项中选中"常规"项，在右侧的"设置"部分选择"选项卡式文挡"或"MDI 环境"，然后单击"确定"按钮即可。

注意

所设置的显示方式在下次启动 Visual Basic.NET 集成开发环境时才能起作用。在默认情况下，主窗口以"选项卡式文档"方式显示，如图 2-10 所示。在"选项卡组"中显示的是当前打开的窗口的名字，单击某个选项卡，即可打开相应的窗口，在"窗口显示区"显示出来。当打开的窗口较多时，选项卡组可能被隐藏一部分，此时可以通过单击"向右滚动"或"向左滚动"按钮来显示隐藏的选项卡，如果单击"关闭"按钮，则关闭当前打开的窗口。"选项卡组"中的每个选项卡都可以用鼠标左右拖动（在选项卡组内）。

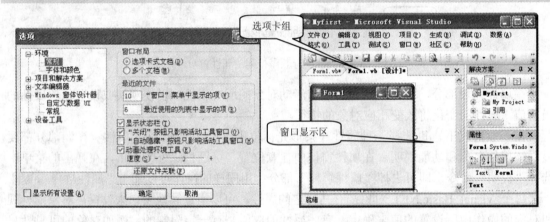

图 2-9　"选项"对话框　　　　　图 2-10　以"选项卡式文档"方式显示的主窗口

如果使用"MDI 环境"方式，则主窗口中只显示一个窗口。为了打开其他窗口，必须使用"解决方案资源管理器"。

注意

这里所说的"窗口"指的是可以在主窗口中显示的窗口，如窗体设计器窗口、代码窗口、起始页窗口、动态帮助窗口等。

在一般情况下，主窗口中只有一个选项卡组，如果需要，也可以建立多个。其操作是，把鼠标光标移到某个选项卡，单击鼠标右键，将弹出一个菜单，此时如果选择"新建水平选项卡组"，则可在主窗口内再建立一个水平选项卡组；而如果选择"新建垂直选项卡组"则可在主窗口内再建立一个垂直选项卡组。当主窗口内有两个选项卡组时，可以通过弹出式菜单把指定的选项卡移到另一个选项卡组。

（2）其他窗口。除主窗口外，集成开发环境中还有其他一些窗口，这些窗口可以在需要时打开，不需要时关闭或隐藏。为了方便使用，通常把这些窗口放在集成环境的边框部分。

其他窗口的显示方式主要有 4 种，分别为可停靠、隐藏、浮动和自动隐藏，这些方式可以通过弹出式菜单切换。右击窗口的标题栏，将弹出一个菜单，可以从中选择所需要的命令，执行指定的操作。在不同的显示方式下，弹出式菜单的内容也不一样，以"解决方案资源管理器"窗口为例，当显示方式为"可停靠"时，窗口的标题栏和弹出式菜单如图 2-11 所示。此时如果单击"关闭"按钮或执行菜单中的"隐藏"命令，则可关闭该窗口，如果执行菜单中的"浮动"命令，则窗口以浮动方式显示。

与前版本的集成开发环境相比，Visual Basic.NET 在窗口管理方面有两个重要的改进，即窗口的自动隐藏和选项卡式文档。

① 自动隐藏。所谓自动隐藏，就是当前窗口失去焦点时自动最小化显示，并将其图标隐藏到 IDE 的边框上，但只要把鼠标光标移到最小化的图标上，就能打开该窗口。这样既可节省屏幕空间，增加编辑器或设计器的可视面积，又不影响窗口的使用。

除主窗口外，其他窗口都可以自动隐藏，其位置可以是上、下、左、右任一个边框。习惯上，把解决方案资源管理器、属性窗口等放在右边框，把工具箱放在左边框，而把任务列表、命令、输出等窗口放在底部边框。

图 2-11　窗口的标题栏和弹出式菜单

为了使一个窗口能自动隐藏，必须先把该窗口设置为"可停靠"方式，然后把鼠标光标移到窗口的标题栏上，按住鼠标左键把窗口拖到 IDE 的某个边框，使它紧靠边框显示，此时在窗口标题栏的右部会出现一个"图钉"按钮（即"自动隐藏"），且"图钉"的"针"向下，如果单击这个按钮，则"图钉"的"针"向右，即可把该窗口设置为"自动隐藏"。如果执行弹出菜单中的"自动隐藏"命令，则效果相同。

② 选项卡式文档。前面介绍了主窗口的选项卡式文档，其他窗口也可以通过选项卡式文档管理。利用选项卡式文档，可以在同一个区域显示多个窗口，当窗口失去焦点时，每个窗口的标题作为选项卡显示在窗口的底部。窗口有三个选项卡，分别为工具箱、属性和解决方案资源管理器，单击某个选项卡，即可显示相应的窗口。为了通过选项卡式文档在同一个区域显示多个窗口，必须先通过弹出菜单把每个窗口的显示方式设置为"可停靠"，把其中的一个窗口拖到 IDE 的某个边框，然后把其他窗口拖到该窗口上，与该窗口重合。

2.3 设 计 过 程

设计开发一个 Visual Basic.NET 应用程序，一般可分为以下 5 个步骤。

2.3.1 创建项目

（1）从 Windows 的"开始"菜单中，启动 Microsoft Visual Studio.NET。

（2）在 Visual Basic.NET 集成开发环境（Integrated Development Environment，IDE）中，通过"文件"菜单，单击"新建项目"，打开"新建项目"对话框。

（3）选择"Windows 应用程序"，然后单击"确定"。IDE 中将显示一个新的窗体，并且项目所需的文件也将添加到"解决方案资源管理器"窗口中。同时系统默认应用程序项目的名称为" WindowsApplication1 "。目前 WindowsApplication1 程序只包含一个空窗口 Windows Form（有时只是一个窗体），它在解决方案资源管理器中默认的名称为 Form1.vb。

2.3.2 创建用户界面

用户界面由对象即窗体和控件组成，控件放在窗体上，程序中的所有信息通过窗体显示出来，它是应用程序的最终用户界面。在应用程序中要用到哪些控件，就在窗体上建立相应的控件。程序运行后，将在屏幕上显示由窗体和控件组成的用户界面。

在 Visual Basic.NET 环境下建立一个新的"Windows 应用程序"项目后，屏幕上将显示一个窗体，默认名称为 Forml，可以在这个窗体上设置用户界面。如果要建立新的窗体，可以通过"项目"菜单中的"添加 Windows 窗体"命令来实现。

本例中，需要在窗体上添加一个标签框。将鼠标指向"工具箱"中的标签（Label）控件，双击该控件或将之拖放到窗体的合适位置，系统默认标签名称为 Label1。

2.3.3 自定义外观和行为

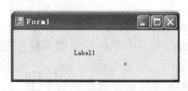

图 2-12 窗体的设计界面

建立界面后，就可以设置窗体和每个控件的属性。在实际的应用程序设计中，通常建立界面和设置属性可以同时进行，即每添加一个控件，就设置该控件的属性。当然也可以通过不同的方式设置窗体或控件的属性。本例可采用系统默认属性值。窗体的设计界面如图 2-12 所示。

2.3.4 编写代码

由于 Visual Basic.NET 采用事件驱动编程机制，因此大部分程序都是针对窗体中各个控件所能支持的方法或事件编写的，这样的程序称为事件过程。例如，按钮可以接受鼠标单击事件，如果单击该按钮，鼠标单击事件就调用相应的事件过程并做出响应。

要想编写程序代码，需打开代码窗口，最简单的方法是双击窗体或窗体上所添加的控件。例如，本例中，可双击窗体 Form1 进入代码窗口。

在代码窗口中，从"类名"中选择一个对象，从"方法名称"中选择一个事件过程名，就可在代码窗口中生成一个事件过程声明模板。例如，当对象选为窗体 Form1，过程选择为 Load，则在代码窗口就生成如图 2-13 所示的声明模板。

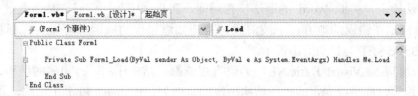

图 2-13　声明模板

在 Form1_Load 过程中编写如下代码：

```
Label1.Text="欢迎您学习 VB.NET！"
```

2.3.5　运行和测试程序

运行调试程序可以通过执行菜单"调试"，选择"启动调试"命令或按 F5 键，也可以单击"工具栏"中的"启动调试"按钮。如果程序没有错误，程序运行结果如图 2-14 所示。

图 2-14　程序运行结果

2.4　操 作 要 点

2.4.1　Visual Studio.NET 的启动与退出

Visual Basic.NET 应用程序的开发是在一个封闭的集成环境中完成的，这个集成环境就是 Visual Studio.NET。为了用 Visual Basic.NET 开发应用程序，必须启动 Visual Studio.NET。关于 Visual Studio.NET 的启动与退出参见 1.2.2 节。

2.4.2　代码编辑器

1. 打开方法

在 Visual Basic.NET 中进入代码编辑器的方法有：

（1）单击窗体或窗体上的任何一个控件；

（2）单击解决方案资源管理器的工具栏中的查看代码按钮。

2. 特点

在 Visual Basic.NET 里，代码编辑器又有了很大的进步，其特点如下：

（1）通用性。由于 Visual Basic.NET 的 IDE 是整套 Visual Studio.NET 公用的，所以其通用性就不言而喻了。在这个强大的编辑器里，既适用于 Visual Basic 代码，也同样适用于

VC、C#、HTML 和 XML 等格式的代码。

（2）可折叠代码。在 Visual Basic 6.0 的代码编辑器里既可以查看所有过程的代码，又可以单独查看某个过程的代码。在 Visual Basic.NET 里这一功能得到了改进，通过代码折叠，既可以节省空间、看到整个代码区域的各个函数和过程，又可以仔细观察某个代码的局部。

（3）语法检查。类似 Word 的语法检查功能，当程序中某行代码或某个变量或表达式出错，IDE 会自动在错误的地方打下波浪线，若想知道错误的原因，可以将光标移动到错误处，Visual Basic.NET 会自动给出提示。

（4）自动匹配。Visual Basic.NET 的语言规范都是结构化的，有很多的结构，如条件结构、分支结构等，都是以固定的代码结构出现的。例如，If then…End if 结构，是以 If 开头 End If 结尾的固定搭配。当只输入 If i>0 这个语句后回车，代码编辑器就会自动补全为：

```
If i>0 Then
    <语句块>
End If
```

这样就省去了用户很多机械的重复劳动，并且有利于减少错误。

（5）智能缩进。程序代码的缩进，使得代码层次分明、结构清晰，其作用不亚于注释语句，大大提高了程序的可读性。在 Visual Basic.NET 中默认是自动缩进的，单击"工具"菜单的"选项"菜单项所弹出的选项对话框中的"文本编辑器"选项中"Basic"选项的"制表符"，即可在右边的窗口中找到"缩进"设置，有"智能"、"快"和"无"3 个选项。

（6）智能感知。智能感知功能指在输入代码时提供语言方面的信息，如成员列表、参数信息、即时信息和完整单词等。

2.4.3　操作小技巧

1．工具箱的显示

在设计状态时，工具箱总是出现的。如果窗体中没有显示工具箱，可选择菜单命令"视图"→"工具箱"或单击工具栏中的"工具箱"按钮，屏幕就可以显示工具箱窗口。在运行状态下，工具箱自动隐藏。

开发环境中的其他被关闭的窗口，都可以通过这种方式再次显示出来。

2．工具箱中控件的添加

此外，用户可以通过鼠标单击菜单"工程"，选择"部件"命令或右击工具箱，在弹出的快捷菜单中选择"部件"，在打开的对话框中选择要装载 ActiveX 控件，添加到工具箱中。

3．上下文菜单

在 IDE 中某个项目上右击都会弹出与该项目有关的菜单，这就是上下文菜单，上下文菜单提供某些操作的快捷方式。使用上下文菜单会大大提高工作效率。因此，一定要时刻记得右击。

2.5　实训项目

【实训 2-1】　熟悉 Visual Basic.NET 开发环境

1．实训目的

（1）熟悉 Visual Basic.NET 集成环境，熟练掌握属性窗口、代码窗口打开和切换的几种常用方法。

（2）熟悉保存工程和窗体的方法。

2．实训要求

（1）对关闭的各个窗口，能通过"视图"菜单打开。

（2）掌握添加新窗体和打开已有窗体的方法。

任务 3

设 计 窗 体

3.1 任 务 要 求

新建一个项目，它包含两个名称分别为 Form1 和 Form2 的窗体，在 Form1 上设置"结束"按钮，在 Form2 上设置"开始"按钮；将 Form2 设置为启动窗体；单击 Form2 窗体上的"开始"按钮，显示 Form1；单击 Form1 窗体上的"结束"按钮，关闭 Form1 和 Form2，并结束程序运行。

3.2 知 识 要 点

创建一个应用程序，首先就是创建用户界面。窗体是一块"画布"，是所有对象的容器，在程序设计时，用户可以在"画布"上画界面。窗体也是 Visual Basic.NET 中的对象，具有自己的属性、事件和方法。

3.2.1 面向对象

1. 对象

对象（Object）指的是将现实世界中实体或关系抽象化后形成的基于代码的抽象概念。

它是面向对象（Object Oriented）技术中的基本概念，是具体事物的抽象总结。

在面向对象的程序设计中，"对象"是系统中的基本运行实体，Visual Basic.NET 中的对象与面向对象程序设计中的对象在概念上是一样的，但在使用上有很大区别。在面向对象程序设计中，对象由程序员自己设计，而在 Visual Basic.NET 中，对象分为两类，一类是由系统设计好的，称为预定义对象，可以直接使用或对其进行操作；另一类是由用户定义，建立用户自己的对象。

2. 类

与对象息息相关的就是类。类是指定义对象的代码，所有对象都是基于类创建的。类被用来定义一类对象中包含的共有变量和方法，将类实例化即可创建该类中的对象。

如前所述，Visual Basic.NET 全面支持面向对象，是真正的面向对象的程序设计语言，在 Visual Basic.NET 中，可以建立自己的类，可以方便的实现继承、多态、重载和接口等多种功能。

3. 对象和类

在 Visual Basic.NET 中，对象是一组代码和数据封装体，可以看做是一个整体处理单元。一个对象可以是应用程序的一部分，如控件和窗体，整个应用程序可以是一个对象。窗体上的控件，如按钮、标签等都是对象，在一个项目中，每个窗体是一个独立的对象，一个数据库可以看做是一个对象，并含有其他对象，如字段和索引。

Visual Basic.NET 中的每个对象都是用类定义的。工具箱中的每个控件都是一个类，在窗体上画出一个控件之前，以该控件命名的对象是不存在的。建立一个控件后，就建立了该控件类的一个复制或实例，类的这个实例是在应用程序中引用的对象。在设计阶段所操作的窗体是一个类；在运行阶段，Visual Basic.NET 建立窗体类的一个实例。

在 Visual Basic.NET 应用程序中，属性窗口显示了对象的类及其名称空间。例如，在窗体上画按钮控件，其默认名称为 Button1，它是 System.Windows.Forms.Button 名称空间中的一个类，即对象，属性窗口中显示的类与名称空间如图 3-1 所示。

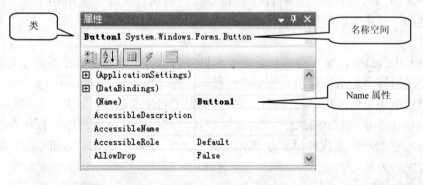

图 3-1　属性窗口中显示的类与名称空间

所有的对象都是作为它们的类复制建立的。一旦它作为个别的对象存在，就可以改变它的属性，例如，在窗体上画三个按钮，则每个按钮就是按钮类（Button）的一个实例，即该类的一个对象，每个对象共享一组由类定义的通用的特性和功能（属性、方法和事件）但是，每个对象都有它自己的名字、可以打开或关闭、可以放到窗体的不同地方，等等。

为了简单起见，在一般情况下，都不指明对象的类，而是称为"XX 控件"。例如"列表框控件"，实际上指的是"列表框控件类的一个实例"或"列表框控件类的一个对象"。

预定义对象提供了各种不同的功能，用户不用编写代码就可以使用这些功能。例如，用户可以建立自己的菜单和子菜单，但不必实际编写代码，而是通过由 Visual Basic.NET 提供的菜单控件（MainMenu）来实现。

3.2.2　对象的属性、事件和方法

建立一个对象后，需要通过使用与该对象有关的属性、事件和方法来描述。

1．对象属性

属性是与一个对象相关的各种数据，用来描述对象的特性，如性质、状态和外观等。不同的对象有不同的属性。日常生活中的对象都具有一些特征，有些特征是与其他对象相同的，而有一些则是有别于其他对象的，如黑板具有描述其大小的宽和高，描述一个人的特征可用身高、体重和肤色等。

在 Visual Basic.NET 中，对象常见的属性有标题（Text）、名称（Name）、颜色（Color）、字体大小（FontSize）、是否可见（Visible）等。在使用对象时，需要设置相应的属性，才能达到程序设计的预定目的。

对象的属性分为 3 种：只读属性、运行时只读属性和可读写属性。

（1）只读属性。这种属性无论在程序设计时还是在程序运行时都只能读出信息，而不能给它们赋值。

（2）运行时只读属性。这种属性在设计程序时可以通过属性窗口设置它们的值，但在程序运行时不能再改变。

（3）可读写属性。这种属性无论在设计时还是运行时都可读写。

2．对象事件

在传统的面向过程的应用程序中，指令代码的执行次序完全由程序本身控制。也就是说，传统的过程化应用程序，在设计时就要考虑程序的整个流程，并通过指令代码的控制实现这个流程。

Visual Basic.NET 是采用事件驱动编程机制的语言。开发的程序是以事件驱动方式运行的，整个应用程序是由彼此独立的事件过程构成的。每个对象都能响应多个不同的事件，每个事件都能驱动事件过程中的代码，该代码决定了对象的功能。这些事件可以是用户对鼠标和键盘的操作，也可以由系统内部通过时钟计时产生，甚至由程序运行或窗口操作触发产生，因此，它们产生的次序是无法事先预测的。所以在用 Visual Basic.NET 编写事件过程时，没有先后关系。

所谓事件（Event），是由 Visual Basic.NET 预先设置好、能够被对象识别的动作，例如 Click（单击）、DblClick（双击）、Load（装载）、MouseMove（移动鼠标）、TextChanged（本文变化）等。不同的对象能识别的事件也不一样。当事件由用户触发（如 Click）、或由系统触发（如 Load）时，对象就会对该事件做出响应（Respond）。例如，可以编写一个程序，该程序响应用户的 Click 事件，则程序运行后，单击即可完成想要的结果。

响应某个事件后所执行的操作能通过一段程序代码来实现，这样的一段代码叫做事件过

程（Event Procedure）。一个对象可以识别一个或多个事件，因此可以使用一个或多个事件过程对用户或系统的事件做出响应。虽然一个对象可以拥有许多事件过程，但在程序中能使用多少事件过程，则要由设计者根据程序的具体要求来确定。

3．方法（Method）

方法是对象所执行动作的方式，它实际上是在类中定义的过程。每个方法都可以执行完成某项任务。方法的调用格式有以下两种。

（1）不带有参数的调用。其格式为：

```
Object.Method()
```

例如，要使窗体 Form2 隐藏，在程序中代码为：

```
Form2.Show()
```

（2）带有参数的调用。其格式为：

```
Object.Method [parameter1][,parameter2]
```

其中，**Object** 表示对象，**Method** 表示方法，parameter1 和 parameter2 表示参数。方法可能有一个或多个参数，这些参数对执行的动作做进一步的描述。格式中的"[]"表示可选项。

例如：在窗体 Form1 上画一条红色的直线，程序代码为：

```
'声明 Graphice 对象
Dim g As Graphics
'建立一个红色画笔
Dim redPen As New Pen(Color.Red,5)
'画直线
g.DrawLine(redPen,p1,p2)
```

3.2.3 窗体的结构与属性

窗体结构与 Windows 下的窗口十分类似。在程序运行前，即设计阶段，称为窗体；程序运行后也可以称为窗口。如图 3-2 所示为窗体的样式。

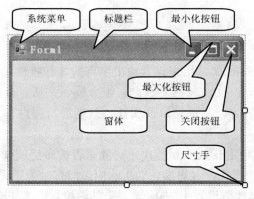

图 3-2 窗体的样式

系统菜单也叫控制框，位于窗体左上角，程序运行后，双击该图标可以关闭窗体；单击该图标，将下拉显示系统菜单命令。标题栏是窗体的标题。程序运行后，单击右上角的最大化按钮可以使窗体扩大至整个屏幕，单击最小化按钮可以把窗体缩小为一个图标，而单击关闭按钮将关闭窗体。上述系统菜单、标题栏、最大化按钮、最小化按钮可以通过窗体属性设置，分别为 ControlBox、Text、MinimizeBox、MaxmizeBox。

窗体属性决定了窗体的外观和操作，对于大部分的窗体属性，既可以通过窗体属性窗口设置，也可以在程序中编写代码设置，而只有少量属性只能在设计状态设置，或只能在窗体运行期间设置。

1. 窗体基本属性

窗体基本属性包括：Name、Text、Height、Width、Left、Top、Font、Enabled、Visible、ForeColor、BackColor、Location 属性等。这些属性也适用于大多数控件（对象），包括复选框、按钮、标签、列表框、单选按钮、图片框和文本框等。

（1）Name（名称）。该属性用来定义对象的名称。用 Name 属性定义的名称是在程序代码中使用的对象名，与对象的标题不同。它是只读属性，只能在代码窗口中设计，在程序运行时，对象的名称不能改变。

（2）Text（标题）。该属性用来定义窗体或控件所包含的文本。启动 Visual Basic.NET 或者选择"项目"菜单中的"添加 Windows 窗体"命令后，窗体使用的是默认标题（如 Form1、Form2…）。用 Text 属性可以把窗体标题改为所需要的名字。该属性既可通过属性窗口设置，也可以在事件过程中通过程序代码设置。

（3）Size（尺寸）。该属性用来设置窗体或控件的大小，其值的默认单位为像素。该属性有两个分量，即 Width 和 Height，分别为窗体或控件的宽度和高度。

Size 属性适用于窗体和大多数控件，可以在属性窗口中设置，也可以通过代码设置。当用代码设置时，有以下两种方法：

① 使用 Size 结构。例如，设置窗体的尺寸为 100 像素×200 像素，语句为：

```
Me.Size=New Size (100,200)
```

其中 Me 指的是当前窗体。

② 使用 Width 和 Height 属性。Width 属性表示窗体或控制的宽度，Height 属性表示窗体或控件的高度。也可以用这两个属性完成上述对窗体尺寸的设置。语句为：

```
Me.Width=100
Me.Height=200
```

（4）Font（字形）。Font 属性用来设置输出字符的各种特性，包括字体、大小等。这些属性适用于窗体和大部分控件，包括复选框、组合框、按钮、标签、列表框、单选按钮、图片框、文本框及打印机等。字形是只读属性，只能通过属性窗口设置，不能通过程序代码设置。

（5）Enabled（可用）。Enabled 属性决定对象是否被激活或禁止。对于窗体，其属性一般设置为 True，允许用户操作，并对操作做出响应；但有时为了避免鼠标或键盘事件发送到某个窗体，也可以将其属性值设置为 False。对于其他控件，当 Enabled 属性值为 False，控件呈暗淡色，表明处于不活动状态，禁止用户操作，或用户不能访问。

（6）Visible（可见）。Visible 属性用来设置对象在运行时是否可见，其值有两个，True 和 False，当属性值为 True 时，运行时可见；当属性值为 False 时，运行时不可见。

（7）BackColor（背景颜色）。BackColor 属性用来设置窗体的背景颜色，可以通过属性窗口来设置，其操作是：选择属性窗口中的 BackColor 属性条，单击右端的箭头，将显示一个对话框，该对话框有 3 个选项卡，分别为"自定义"、"Web"和"系统"。选择其中一个选项卡，然后单击其中的某个色块，即可把这种颜色设置为窗体的背景色。该属性值也可以设置成一个十六进制常数。

（8）ForeColor（前景颜色）。ForeColor 属性用来设置对象的前景颜色，即正文和作图时的颜色。其设置方法与 BackColor 属性相同。

（9）Location（定位）。Location 属性用来设置窗体或控件在左上角的坐标。坐标值的默认单位为像素。该属性有两个分量，分别为 X 和 Y。当对象为窗体时，X 指的是窗体的左边界与屏幕左边界的相对距离，Y 指的是窗体顶边与屏幕顶边的相对距离；而当对象为控件时，X 和 Y 分别指的是控件左边和顶边与窗体或盛装它的容器（其他控件，如图片框 PictureBox，分组框 GroupBox）的左边和顶边的相对距离。

Location 属性适用于窗体和大多数控件，可以在属性窗口中设置，也可以通过程序代码设置。当用程序代码设置时，有两种方法。以窗体为例：

① 使用 Point 结构。例如，设置窗体左上角的坐标为（100,200），代码为：

```
Me.Location=New Point (100,200)
```

② 使用窗体的 Left 和 Top 属性。对于窗体来说，Left 指的是窗体的左边界与屏幕左边界的相对距离，Top 指的是窗体的顶边与屏幕顶边的相对距离，可以用这两个属性描述上述窗体左上角的位置。程序代码为：

```
Me.Left=100
Me.Top=200
```

 注意

Location 属性有两个分量，即 X 和 Y，但不能通过这两个分量为窗体或控件定位，只能用它们返回窗体或控件的当前位置。

2. 窗体的特有属性

（1）MaximizeBox（最大化按钮）。指定窗体标题栏中的最大化按钮是否有效。只能在属性窗口中设置。属性值为 True，窗体右上角有最大化按钮；属性值为 False，窗体右上角无最大化按钮。

（2）MinimizeBox（最小化按钮）。指定窗体标题栏中的最小化按钮是否有效。只能在属性窗口中设置。属性值为 True，窗体右上角有最小化按钮。属性值为 False，窗体右上角无最小化按钮。

（3）ControlBox（控制菜单）。ControlBox 属性指定是否在窗体左上角有控制菜单框。该属性在运行时是只读的。属性值为 True，在窗体左上角有控制菜单框；属性值为 False，在窗体左上角无控制菜单框。此外，ControlBox 属性还与 FormBordeStyle 属性有关系。如果把 Me.FormBordeStyle 属性设置为 None，则 ControlBox 属性将不起作用，即使用户将其设置为 True。

（4）FromBorderStyle（边框类型）。FromBorderStyle 属性用来确定或获取窗体边框的类型，当通过属性窗口设置时，可设置为 7 个预定义值之一，FormBorderStyle 属性功能如表 3-1 所示。通过属性窗口设置 FormBorderStyle 属性后，立即就能显示相应的效果。

表 3-1　FormBorderStyle 属性功能

属 性 值	功　　能
None	窗体无边框
FixedSingle	固定单边框，不允许重设窗体尺寸。窗体可以包含控制菜单框、标题栏、"最大化"按钮和"最小化"按钮，只能通过"最大化"按钮和"最小化"按钮调整窗体尺寸
Fixed3D	显示 3D 边框效果，不允许重设窗体尺寸。可以包含控制菜单框、标题栏、"最大化"按钮和"最小化"按钮，窗体边框凸起显示
Fixed Dialog	固定对话框。可以包含控制菜单框和标题栏以及"最大化"和"最小化"按钮。窗体大小不变（设计时设定），窗体边框凹陷
Sizable	（默认值）可以调整的边框。窗体上可以包含控制菜单框和标题栏及"最大化"按钮和"最小化"按钮，既能通过"最大化"按钮和"最小化"按钮调整窗体尺寸，也可以通过控制菜单框及鼠标改变窗体尺寸
FixedToolWindow	固定工具窗口。窗体大小不能改变，只显示关闭按钮，并用缩小的字体显示标题栏
SizableToolWindow	可变大小工具窗口。窗体大小可变，只显示关闭按钮，并用缩小的字体显示标题

FormBorderStyle 属性也可以通过代码设置，格式为：

```
Me.FormBorderStyle [=设置值]
```

其中"设置值"是一个枚举类型，包括 7 个成员，这些成员与表 3-1 中所列的相同，但在设置时需对应加上枚举类型的名称。例如：

```
Me.FormBorderStyle=FormBorderStyle.Fixed3D
```

（5）WindowState（窗口状态）。WindowState 属性表示窗体执行时以什么状态显示。值为 0（Normal），为正常窗口状态，有窗口边界；值为 1（Minimized），为最小化状态，以图标方式运行；值为 2（Maximized），最大化状态，无边框，充满整个屏幕。

"正常窗口状态"也称为"标准窗口状态"，即窗体不缩小为一个图标，也不充满整个屏幕。其大小以设计阶段所设计的窗体为基准。但是，程序运行后，窗体的实际大小取决于 Size 属性的值，同时可使用鼠标改变其大小。

WindowState 属性的设置是一个枚举类型，当通过代码设置该属性时，应加上枚举类型的名称，即：

```
Me.WindowState=FormWindowState.Maximized
Me.WindowState=FormWindowState.Minmized
Me.WindowState=FormWindowState.Normal
```

（6）Icon（图标）。Icon 属性用于设置窗体最小时的图标。在属性窗口中，可以单击 Icon 设置框边的"…"（省略号），打开一个"加载图片"对话框，用户可以选择 1 个图标文件（.ICO）装入，当窗体最小化时，以该图标显示。

（7）ShowInTaskbar。指定一个窗体对象在运行时窗口是否出现在 Windows 任务栏中。若它的值为 True，则出现在任务栏中。该属性在运行时是只读的。

3.2.4　窗体事件

与窗体有关的事件较多，其中常用的有以下几个：

1．Click（单击）事件

Click 事件是单击时发生的事件。程序运行后，当单击窗口内的有效区域时，Visual Basic.NET 将调用窗体事件过程 Form_Click。

注意

单击的位置必须没有其他对象控件，如果单击窗体内的控件，则只能调用相应控件的 Click 事件过程，不能调用 Form_Click 过程。

2．DblClick（双击）事件

程序运行后，双击窗体内的有效区域，Visual Baisc.NET 将调用窗体事件过程 Form_Dbl Click。"双击"实际上是触发两个事件，第一次产生 Click 事件，第二次产生 DblClick 事件。

3．Load（装入）事件

Load 事件可以用来在启动程序时对属性和变量进行初始化，因为在载入窗体后，如果运行程序，将自动触发该事件。Load 是把窗体装入工作区的事件，如果这个过程存在，接着就执行它。Form_Load 过程执行完之后，如果窗体模块中还存在其他事件过程，Visual Basic.NET 将暂停程序的执行，并等待触发下一个事件过程。如果 Form_Load 事件过程内不存在任何指令，Visual Basic.NET 将显示该窗体。

4．Closed（关闭）事件

当从内存中清除一个窗体（关闭窗体）时触发该事件。如果重新装入该窗体，则窗体中所有的控件都要重新初始化。

5．Activated（活动）、Deactivate（非活动）事件

当窗体变为活动窗口时触发 Activate 事件，而在另一个窗体变为活动窗口前触发 Deactivate 事件。通过操作可以把窗体变为活动窗体，如单击窗体或在程序中执行 Show 方法等。

6．Paint（绘画）事件

当窗体被移动或放大时，或者窗口移动时覆盖了一个窗体时，触发该事件。

3.2.5　Windows 窗体控件

启动 Visual Basic .NET 并建立"Windows 应用程序"项目后，将在工具箱中列出

Windows 窗体控件，如图 3-3 所示。工具箱实际上是一个窗口，称为工具箱窗口，可以通过单击右上角的"×"关闭。为了打开工具箱，可以执行"视图"菜单中的"工具箱"命令或单击工具栏中的"工具箱"按钮（或按 Ctrl+Alt+X 组合键）。工具箱里的控件可以按任意顺序排列，其数量可以任意增减。

图 3-3　Windows 窗体控件

1．文本编辑类

（1）TextBox（文本框）：设计时在其中显示输入的文本，并可在运行时通过程序对其中的文本进行编辑或修改。

（2）RichTextBox（格式文本框）：可以显示纯文本和 RTF 格式的文本，并允许用户在运行时对其进行编辑或修改。

2．文本显示类（只读）

（1）Label（标签）：在其中显示文本，不允许对其直接进行编辑。

（2）LinkLabel（链接标签）：以 Web 链接的形式显示文本，当其中有文本时，将触发一个事件，控件中的文本通常是到其他窗口或 Web 站点的链接。

（3）StatusBar（状态条）：用一个加外框的窗口显示应用程序当前的状态信息，状态条通常位于相应窗体的底部。

3．选择类

（1）CheekedListBox（复选列表框）：显示一个可移动条的条目列表。每个条目都带有一个复选框。

（2）ComboBox（组合框）：显示一个条目的下拉列表。

（3）DomainUpDown（滚动列表）：显示一个文本条目列表，可以通过上、下按钮滚动。

（4）ListBox（列表框）：显示文本和图形条目列表。

（5）ListView（列表视图）：用 4 种不同的视图显示条目，分别为只包含文本、带有小图标的文本、带有大图标的文本和报表视图。

（6）NumericUpDown（数字列表）：显示一个数字列表，可以通过上、下按钮滚动。

（7）TreeView（树形视图）：显示一个节点对象的层次结构，每个节点带有可选的复选框或图标的文本。

4．图形显示类

PictureBox（图片框）：在一个框中显示图形文本，如位图、图标等。

5．图形存储类

ImageList（图像列表）：用作图像仓库，该控件所包含的图像可以应用于不同的应用程序。

6．值设置类

（1）CheckBox（复选框）：显示一个复选框和标签文本通常用于设置选项。

（2）CheckedListBox（复选列表框）：显示一个可滚动的条目列表，每个条目都带有一个复选框。

（3）RadioButton（单选按钮）：显示一个可打开（On）或关闭（Off）的按钮。

（4）Trackbar（跟踪条）：允许用户通过在刻度尺上移动滑块设置值。

7．日期设置类

（1）DateTimePicker（日期时间选择）：显示一个图形日历，可让用户选择一个日期。

（2）MonthCalendar（月历）：显示一个图形月历，可让用户选择一个日期范围。

8．对话框类

（1）ColorDialog（颜色对话框）：显示一个颜色选择的对话框，让用户设置界面元素的颜色。

（2）FontDialog（字体对话框）：显示一个对话框，让用户设置字体及其属性。

（3）OpenFileDialog（打开文件对话框）：显示一个对话框，让用户查找和选择一个文件。

（4）PrintDialog（打印对话框）：显示一个对话框，让用户选择打印机并设置其属性。

（5）PrintPreviewDialog（打印预览对话框）：显示一个对话框，用来显示文档的打印预览。

（6）SaveFileDialog（保存文件对话框）：显示一个对话框，让用户保存文件。

9．菜单控件类

（1）MenuStrip（主菜单）：提供建立下拉式菜单的设计界面。

（2）ContextMenuStrip（上下文菜单）：提供了弹出式菜单（快捷菜单）的设计界面。

10．命令类

（1）Button（按钮）：用于启动、停止或中断一个进程。

（2）NotifyIcon（通报图标）：在任务栏的状态通知上显示一个图标以指明正在后台运行的应用程序。

（3）Toolbar（工具栏）：包含按钮控件集合。

11．控件分组类

（1）Panel（面板）：一个无标题、可滚动的框，可放入一组控件。

（2）GroupBox（分组框或框架）：一个有标题、不能滚动的框。可放入一组控件。

（3）TabControl（选项卡控件）：提供一个带有选项卡的页面，用来有效的组织和访问分组的对象。

3.2.6　多文档界面

目前，大多数常用软件都采用了多文档界面（Multiple Document Interface，MDI）。多文档界面应用程序使用户可以同时显示多个文档，并且每个文档显示在各自的窗口中。

1．MDI 窗体与 MDI 子窗体

Windows 应用程序主要有两种界面：单文档界面（Single Document Interface，SDI）和

多文档界面。

（1）单文档界面（SDI）。SDI 的应用程序，其工作界面在任何时刻都只能够打开一个文档，要打开另一个文档，必须先关闭原来打开的文档。例如 Windows 中的记事本和画图等应用程序都属于单文档。

（2）多文档界面（MDI）。对于 MDI 的 Windows 应用程序，在运行时，可以同时打开多个文档。例如，Visual Basic.NET、Microsoft Word 和 Flash 等软件。

MDI 窗体包含一个父窗体和若干个子窗体，运行时，子窗体显示在父窗体工作控件之内。一般父窗体不包含控件。

2．MDI 特性

Visual Basic.NET 可以创建 MDI 界面的应用程序具有以下 5 个特性。

（1）MDI 界面的父窗体好像是一个文档的平台，它可以容纳多个文档窗体，每个文档窗体内都显示各自的文档。

（2）多文档界面与多重窗体不是一个概念。多重窗体应用程序中的各个窗体是彼此独立的，不具有父子关系。MDI 虽然也有多个窗体，但这些窗体中只有一个 MDI 父窗体，其他窗体属于 MDI 子窗体，子窗体都被限制在 MDI 父窗口的区域内，每个文档显示在自己的 MDI 子窗体中，MDI 父窗体为所有 MDI 子窗体中的文档提供了操作控件。MDI 子窗体只能在 MDI 父窗体的工作区中打开，当 MDI 子窗体最小化和最大化后也仍在 MDI 窗体的工作区内。

（3）当子窗体被最小化后，它将以标题栏形式出现在父窗体中，而不会出现在 Windows 的任务栏中；当父窗体最小化时，所有的子窗体也被最小化，同时只有父窗体的图标出现在 Windows 的任务栏中。

（4）当父窗体最大化时，父窗体可以充满整个屏幕；当子窗体最大化时，子窗体可以充满整个父窗体划定的工作区域，同时子窗体的标题栏消失，其标题与 MDI 窗体的标题合并，并出现在父窗体的标题栏中。当移动子窗体时，不会将子窗体移出父窗体划定的工作空间；当移动父窗体时，子窗体也随之移动。

（5）一个 MDI 应用程序可以含有三类窗体，即普通窗体（也称标准窗体）、MDI 父窗体和 MDI 子窗体，通常把 MDI 父窗体简称为父窗体或 MDI 窗体，而把 MDI 子窗体简称为子窗体。

3．建立 MDI 应用程序

（1）建立 MDI 父窗体。建立 MDI 父窗体的操作步骤如下：

① 启动 Microsoft Visual Studio，建立一个 Windows 应用项目。

② 在窗体对象 Form1 的"属性"窗口中，将 IsMdiContainer 属性值设置为 True，该窗体即为 MDI 容器。

③ 可以将 WindowState 属性值设置为 Maxmized，当程序运行时，父窗体以最大化的形式显示。

（2）建立 MDI 子窗体。建立 MDI 子窗体的操作步骤如下：

① 单击"项目"菜单选择"添加 Windows 窗体"菜单命令，则将弹出"添加新项"对话框。

② 在 "Visual Studio 已安装的模板" 列表中，选择 "Windows 窗体"，在 "名称" 文本框中输入窗体的名称，也可以采用默认值。

③ 单击 "添加" 按钮，即可创建一个 MDI 子窗体模板。

④ 在该 MDI 子窗体模板上创建每个新建子窗体的初始控件对象，如菜单、文本框、控件等。在 MDI 子窗体模板上创建组件、控件对象的方法与在普通窗体中的操作方法完全相同。

【例 3-1】 设计一个带有子窗体 Form1 的 MDI 窗体工程，通过选择文件菜单的 "打开" 命令，可以打开多个子窗体。MDI 窗体中添加的菜单如图 3-4 所示，运行结果如图 3-5 所示。

图 3-4 MDI 窗体中添加的菜单

图 3-5 运行结果

 设计步骤

（1）启动 Microsoft Visual Studio，建立一个 Windows 应用项目。

（2）在窗体对象 Form1 的 "属性" 窗口中，将 IsMdiContainer 属性值设置为 True，该窗体即为 MDI 容器。

（3）在 MDI 窗体上设计文件菜单。

（4）选择 "项目" → "添加 Windows 窗体" 菜单命令，将弹出 "添加新项" 对话框。在 "Visual Studio 已安装的模板" 列表中，选择 "Windows 窗体"，在 "名称" 文本框中输入窗体的名称，也可以采用默认值 Form2。

（5）单击 "添加" 按钮，即可创建一个 MDI 子窗体模板。在窗体 Form2 上创建一个文本框对象。

（6）编写 "打开" 与 "关闭" 菜单命令事件代码：

```
Private Sub mnuFileOpen_Click(ByVal sender As System.Object, _
        ByVal e As System.EventArgs) Handles mnuFileOpen.Click
    Dim newchildform As New Form2          '定义 MDI 子窗体
    newchildform.MdiParent=Me
    Static i As Integer
    newchildform.Text="标题" & i + 1
    newchildform.Show()                    '打开 MDI 子窗体
    i=i + 1
End Sub
Private Sub mnuFileClose_Click(ByVal sender As System.Object, _
        ByVal e As System.EventArgs) Handles mnuFileClose.Click
    End
End Sub
```

其中，i 用来表示当前打开子窗体的子窗体数目，newchlidform 为继承 Form2 所有控件及其属性、事件和方法的子窗体，在程序中可以用 Show 方法动态显示、处理这些子窗体。

3.3 设 计 过 程

3.3.1 创建项目

（1）从 Windows 的"开始"菜单中，启动 Microsoft Visual Studio.NET。

（2）在 Visual Basic.NET 集成开发环境（Integrated Development Environment，IDE）中，选择"文件"→"新建项目"菜单命令，打开"新建项目"对话框。

（3）选择"Windows 应用程序"命令，然后单击"确定"按钮。IDE 中将显示一个新的窗体，并且项目所需的文件也将添加到"解决方案资源管理器"窗口中。同时系统默认应用程序项目的名称为"WindowsApplication1"。将此名称改为"MyForm"。

3.3.2 创建用户界面

1. 创建窗体

本例中需要两个窗体，因此单击主菜单中的"项目"选择"添加新项"，在"添加新项"对话框（如图 3-6 所示）中选择"Windows 窗体"，名称用默认的"Form2.vb"，单击"添加"按钮。

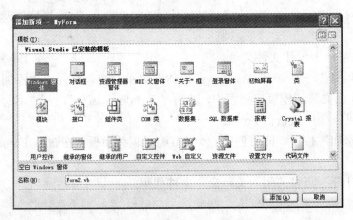

图 3-6 "添加新项"对话框

此时，项目 MyForm 中有 Form1.vb 和 Form2.vb 两个窗体。

2. Form1 窗体

双击工具箱中的 Button 控件，在 Form1 上新建一个 Button 对象，系统默认名称为 Button1，在其属性窗口中设置其 Text 属性值为"结束"，Form1 设计界面如图 3-7 所示。

3. Form2 窗体

双击工具箱中的 Button 控件，在 Form2 上新建一个 Button 对象，系统默认名称为 Button1，在其属性窗口中设置其 Text 属性值为"开始"，Form2 设计界面如图 3-8 所示。

图 3-7 Form1 设计界面　　　　　　　　　　　　图 3-8 Form2 设计界面

3.3.3 设置启动窗体

本例中系统默认的启动窗体是 Form1，要将启动窗体设置为 Form2，需做如下操作：
（1）单击"项目"主菜单选择"MyForm 属性"，打开 MyForm 属性选项卡。
（2）在选项卡中将启动窗体设置为 Form2，如图 3-9 所示。

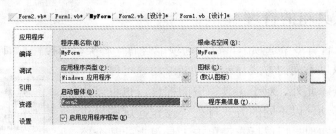

图 3-9 在选项卡中将启动窗体设置为 Form2

3.3.4 编写代码

1. Form1 窗体

在设计界面双击 Form1 上的"结束"按钮，进入代码窗口，编写如下代码：

```
Public Class Form1
    Private Sub Button1_Click(ByVal sender As System.Object, ByVal e As _
                    System.EventArgs) Handles Button1.Click
        End
    End Sub
End Class
```

2. Form2 窗体

在设计界面双击 Form2 上的"开始"按钮，进入代码窗口，编写如下代码：

```
Public Class Form2
    Private Sub Button1_Click(ByVal sender As System.Object, ByVal e As _
                    System.EventArgs) Handles Button1.Click
        Form1.Show()
    End Sub
End Class
```

3.3.5 运行和测试程序

运行调试程序可以通过单击"调试"菜单选择"启动调试"命令或按 F5 键，也可以单击"工具栏"中的"启动调试"按钮。如果程序没有错误，程序运行结果如图 3 10 所示。

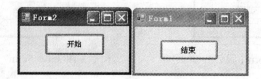

图 3-10 程序运行结果

3.4 操 作 要 点

3.4.1 工具箱的管理

工具箱中可以含有多个选项卡，每个选项卡含有一种类型的控件。如前所述，工具箱是一个窗口，它可以以不同的方式显示，包括浮动、可停靠、隐藏、自动隐藏等。此外，对于工具箱中的控件，也可以执行添加、删除、移动、以不同的方式排列等操作，这些操作通过弹出式菜单来实现。用鼠标右键单击工具箱上的某个控件，即可显示该弹出式菜单，如图 3-11 所示。

1．弹出式菜单

执行弹出式菜单中的"剪切"命令，可以把所选择的控件从工具箱中删除，并复制到剪贴板中；执行"复制"命令，则可把控件复制到剪贴板；而如果执行"删除"命令，则可删除该控件，但不复制到剪贴板。注意，这里的"剪贴板"有两方面的含义，其一是系统剪贴板，其二是工具箱中的"剪贴板"选项卡。也就是说，执行"剪切"或"复制"命令后，所选择的控件被复制到系统剪贴板，同时添加到工具箱中的"剪贴板"选项卡。多次剪切或复制后，"剪贴板"

图 3-11 工具箱的弹出式菜单

选项卡中会有多个控件，而系统剪贴板中只有当前剪切或复制的控件。因此，如果执行"粘贴"命令，则把系统剪贴板中的控件添加到当前工具箱中。当执行"剪切"或"删除"命令时，将显示一个对话框，让用户确认。

2．改变排列顺序

有的时候，可能需要把常用的控件放到工具箱的前部或其他位置，这可以通过弹出式菜单中的"上移"或"下移"命令来实现。每单击一次"上移"或"下移"命令，可以使当前被选择的控件向上或向下移动一个位置。为了便于查找，可能需要控件按字母顺序排列，这可以通过执行"按字母顺序排序"命令来实现。

在默认情况下，工具箱中的控件按"列表视图"方式排列，此时弹出式菜单中"列表视图"命令的左侧有一个复选框（如图 3-11 所示），如果单击该命令，则可以去掉该复选框，使工具箱中的控件以图标方式排列，如图 3-12 所示。如果想回到"列表视图"方式，则可右击任意一个按钮，然后执行弹出式菜单中的"列表视图"命令。

3. 自定义工具箱

可以选择"工具"→"选择工具箱项（X）…"菜单命令来对工具箱进行定义。执行该命令后，将打开"选择工具箱项"对话框，如图 3-13 所示。

图 3-12　图标方式显示控件　　　　　　图 3-13　"选择工具箱项"对话框

"选择工具箱项"对话框包括两个选项卡，分别为".NET 框架组件" 和"COM 组件"，Windows 窗体控件大多在".NET 框架选项卡"中。对话框的中部列出了控件的名称、名称空间、程序集名称及控件文件所在的目录。每个控件的左侧都有一个复选框，复选框中有"√"号者即被选中，单击复选框，可以在选中和未选中之间切换。单击"确定"按钮后，被选中的控件即出现在工具箱中。

3.4.2　控件的添加

在窗体上添加控件通常可采用以下三种方法：

（1）在工具箱中的控件图标上单击，然后在窗体上用鼠标拖放出所需控件的大小。

（2）在工具箱中的控件图标上双击，此时，在窗体中央出现一个默认大小的控件，然后根据需要移动控件或更改控件的大小。

（3）在工具箱选择要画的控件，然后在窗体的适当位置单击鼠标。

如果要在窗体上连续建立多个相同类型的控件，可按住 Ctrl 键，单击工具箱中的控件图标；然后释放 Ctrl 键，在窗体上用鼠标拖放建立一个或多个控件（每画完一个控件，可接着画下一个）；画完相同类型的控件之后，单击工具箱最左上角的"指针"图标或者单击其他控件图标。

3.4.3　控件的操作

1. 选中窗体上的控件

单击窗体上放置的控件，即选中该控件。如果需要同时选中多个控件，可按住 Ctrl 键或 Shift 键再单击需选中的各个控件。

选中多个控件之后，在属性窗口中只显示这些控件共同具有的属性。如果修改某一属性值，被同时选中的所有控件的属性都有会发生相应的改变。

2．改变控件大小

选中控件后，控件的四周将出现 8 个小方块。将鼠标移至某个小方块，当鼠标指针变为双箭头后，拖放鼠标即可改变控件大小。如果要精确设置控件的尺寸大小，可在控件的属性窗口中修改 Width 和 Height 的属性值。

3．删除、移动控件

如果要删除窗体中的控体，先选中控件再按 Delete 键即可。

选中窗体中的控件，然后按住左键拖动鼠标即可改变控件的位置。如果要精确设置控件位置，可在控件的属性窗口中修改 Top 和 Left 的属性值。

4．复制控件

如果要复制窗体中的控件，选中控件后单击工具栏上的"复制"按钮（或按 Ctrl+C 组合键），然后单击"粘贴"按钮（或按 Ctrl+V 组合键），即可复制相同的控件，注意复制的对象名称会有变化。

5．控件数组

控件数组是在一个窗体上共享一个名称的一组同类型控件。普通控件仅使用名称就可以识别对象，而引用了控件数组中的成员则需要同时使用名称和索引。在 Visual Basic 6.0 中，控件数组的使用极大地方便了编程人员，然而在 Visual Basic.NET 中，不再支持控件数组，原因是 Visual Basic.NET 对事件模型做了很大的更改，引入了另外一种数据类型——控件集合模型，从而取代了 Visual Basic 6.0 中的控件数组。如同 Visual Basic 6.0 中的控件数组可以共享事件一样，Visual Basic.NET 中的事件模型允许任何事件处理程序都可以处理来自多个控件的事件，这就允许创建属于不同类型但共享相同事件的控件数组。

控件集合是指包含在一个容器中的所有控件的总和，能够创建控件集合的容器有 Form、Panel、GropBox 等。程序运行时，可以通过访问容器的 Control 属性来得到该容器中的所有控件。

通过控件集合来使用控件数组的方法有以下几种：

（1）直接使用 Form 容器的控件集合来使用控件数组。新建 Visual Basic.NET 中的 Windows 应用程序项目，在 Form1 中添加三个 TextBox 控件，名称分别为 TextBox1、TextBox2 和 TextBox3，一个 Button 控件，名称为 Button1，设计界面如图 3-14 所示。在按钮的单击事件中编写如下代码：

```
Private Sub Button1_Click(ByVal sender As System.Object, _
                    ByVal e As System.EventArgs) Handles Button1.Click
    '下面的语句是通过数组元素的下标来访问 Form 中的每一个元素
    Me.Controls.Item(0).Text="集合中的第一个元素"
    Me.Controls.Item（1）.Text="集合中的第二个元素"
    Me.Controls.Item（2）.Text="集合中的第三个元素"
    Me.Controls.Item（3）.Text="集合中的第四个元素"
End Sub
```

运行程序，单击按钮，运行结果如图 3-15 所示。

图 3-14　设计界面　　　　　　　　　图 3-15　运行结果

Form1 中的所有控件已经自动构成了一个控件集合（即控件数组）。在访问控件集合中的成员时，除了可以通过对象名称直接访问外，还可以通过 Controls.Item(n)属性按下标访问集合中的每一个控件。

![注意图标] 注意

控件集合中控件的类型可以不同（与 Visual Basic 6.0 完全不同），同时，其下标的顺序是按照加入控件的顺序倒排的。如果想改变下标的顺序，可以在代码编辑窗口中单击"显示所有文件"按钮，找到 Form.Designer.vb 文件，双击打开，在其代码中可以找到如下代码：

```
Me.Controls.Add(Me.Button1)
Me.Controls.Add(Me.TextBox3)
Me.Controls.Add(Me.TextBox2)
Me.Controls.Add(Me.TextBox1)
```

这个代码顺序就是控件数组的下标顺序，只要改变这个顺序就可以改变控件数组中每个元素的下标。

（2）用代码建立控件集合。建立一个 Visual Basic.NET 项目，在 Form 中添加三个 TextBox 和一个 Button 控件，在代码编辑窗口中输入如下代码：

```
Dim TextboxArray As New ArrayList '定义一个数组列表
Private Sub BiuldTextBoxArray()   '过程用来将 Form 上的三个 TextBox 加入到数组列表中
    TextboxArray.Add(TextBox1)
    TextboxArray.Add(TextBox2)
    TextboxArray.Add(TextBox3)
End Sub
'让 Form 在启动的时候将三个 TextBox 控件加入到数组列表中，构成控件数组。
Private Sub Form1_Load(ByVal sender As System.Object, _
                    ByVal e As System.EventArgs) Handles MyBase.Load
    BiuldTextBoxArray()
End Sub
'编写 Button 单击事件代码，利用控件数组访问三个 TextBox 控件
Private Sub Button1_Click(ByVal sender As System.Object, _
                    ByVal e As System.EventArgs) Handles Button1.Click
    TextboxArray(0).text="文本框第一个元素"

    TextboxArray(1).text="文本框第二个元素"
    TextboxArray(2).text="文本框第三个元素"
End Sub
```

运行工程，单击 Button，发现 3 个 TextBox 都被修改了，效果和前面方法的效果一样。

（3）在程序中动态添加控件数组。控件数组分为两类：静态控件数组和动态控件数组。静态控件数组是在设计阶段完成的，控件数量已知；动态控件数组是在设计阶段完成的，无法确定控件的数量，要根据程序的运行情况来确定其数量，因此，控件数组中的控件是通过代码来动态添加的。

建立一个 Visual Basic.NET 工程，在 Form 上添加两个 Button，其中，Button1 用来添加动态控件数组；Button2 用来修改数组中每个控件的属性。

在代码编辑窗口中输入如下代码：

```
Dim List As New ArrayList   '定义一个列表对象,用来集合数组控件
Private Sub Button1_Click(ByVal sender As System.Object, _
                ByVal e As System.EventArgs) Handles Button1.Click
    Dim i As Integer
    For i=0 To 4                        '利用循环语句动态加入控件数组。
        Dim FirstTextBox As New TextBox '定义文本框对象
        Me.Controls.Add(FirstTextBox)   '将一个文本框控件加入到 Form 上
        List.Add(FirstTextBox)          '将文本框控件加入到列表集合中
        List.Item(i).top=i * List.Item(i).height + 20 '修改新加入控件在 Form 上
的位置
        List.Item(i).left=100
        FirstTextBox.TabIndex=i          '修改新加入控件的 TabIndex 值
        List.Item(i).text="TextBox" & i.ToString   '修改默认文本。
    Next
End Sub
```

用循环来访问动态控件数组中的控件。

```
Private Sub Button2_Click(ByVal sender As System.Object, _
                ByVal e As System.EventArgs) Handles Button2.Click
    Dim i As Integer
    For i=0 To 4
        List.Item(i).text="第 " & i.ToString & " 个元素"
    Next
End Sub
```

运行项目，先单击 Button1，Form 上将出现 5 个文本框，然后再单击 Button2，修改这 5 个文本框的 Text 属性。

从这个实例可以看出，Visual Basic.NET 中动态加入控件数组与在 Visual Basic 6.0 中实现动态数组有一个显著的不同：Visual Basic 6.0 中必须要有一个静态的"控件种子"，而在 Visual Basic.NET 中已经不需要了。

3.4.4 对象属性设置

对象的属性设置可以通过属性窗口设置，即在设计阶段设置属性，也可以在程序中通过代码来实现，即在运行期间设置属性。

在设计阶段，通过属性窗口设置对象属性值通常有三种情况：

（1）通过输入属性值方式完成属性值的设置：可将鼠标指针移到需要设置的属性行，输

入属性值。例如：给窗体上一个按钮（Button1）的属性 Text 设置为"确定"。

（2）通过下拉属性值框右端的下拉列表，选择系统提供的属性值。例如：设置窗体的 BorderStyle 属性。

（3）通过单击属性值框右端按钮，打开对话框，进行属性值的设置。例如：设置窗体的 BackColor 属性。

添加到窗体的控件会从窗体中继承字体类的属性，因此如果希望窗体中的每一个控件都使用一种字体的话，应该先把窗体的 Font 属性设置为需要的字体，然后再添加控件。

注意

在属性窗口中，有些属性的左端有"+"号，同时右端显示省略号。这样的属性既可通过直接输入的方式设置，也可通过对话框设置。

在运行阶段设置对象属性的一般格式为：

[对象名.]属性名称＝属性值

例如，在窗体 Form1 启动时，给窗体的 Text 赋值，使窗体的标题栏处显示为登录界面的程序代码为：

```
Me.Text="登录界面"
```

又如，假定在窗体上添加一个文本框（TextBox）控件，其系统默认名称为"TextBox1"（对象名称），为了使文本框中显示"欢迎您使用 Visual Basic.NET！"，需要执行如下代码：

```
TextBox1.Text="欢迎您使用Visual Basic.NET！"
```

3.4.5 操作小技巧

1. 多窗体的建立

在利用 Visual Basic.NET 进行软件开发的过程中，单一的窗体是无法满足实际需求的，因此，应根据实际情况建立多个窗体。建立多个窗体的操作步骤如下：

（1）添加新窗体，在这个窗体上添加控件，分别设置相关属性值，再按要求编写程序。

（2）选择文件菜单下的"Form1 另存为（A）…"命令，保存这个文件，设为 Form1。

（3）添加新窗体，主要方法有两种。

第一种方法：选择"项目"→"添加 Windows 窗体"菜单命令，则能够在同一个工程文件中再建立起一个新窗体。设置相关属性，将这个窗体保存为另一个文件 Form2。按照这种方法，能够在一个工程文件中建立多个窗体。

第二种方法：在解决方案资源管理器中右击项目"WindowsApplication1"，在弹出的菜单中单击"添加"命令，在弹出的子菜单中单击"新建项"命令，再从弹出的"添加新项"对话框中选择"Windows 窗体"，单击"添加"命令按钮，设置相关属性，将这个窗体保存为另一个文件 Form2。按照这种方法，能够在一个工程文件中建立多个窗体。

（4）选择"文件"→"WindowsApplication1 另存为（A）…"菜单命令，保存"Windows Application1"项目，即把 Form1、Form2 保存在项目的一个工程中。

2．设置启动窗体

程序运行时首先出现启动窗体。默认情况下，应用程序的第一个窗体（Form1）为启动窗体。如果要改变启动窗体，可以选择"项目"→"WindowsApplication1 属性"菜单命令，在弹出的"WindowsApplication1"选项卡的"应用程序"界面中的"启动对象"列表中进行选择，设置启动窗体界面如图 3-16 所示。

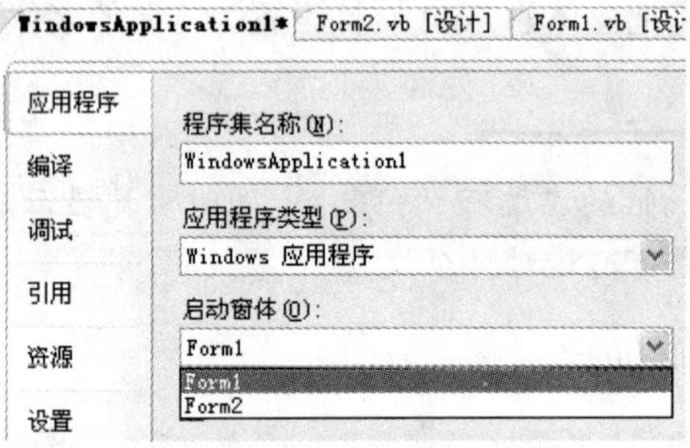

图 3-16　设置启动窗体界面

3．显示或隐藏窗体

（1）显示窗体。显示一个窗体就要把它的 Visible 属性设置为 True。显示一个窗体还可以用窗体对象的 Show 方法。其语法格式如下：

```
［窗体名.］Show
```

功能：将窗体显示在屏幕上。

说明：如果在调用一个窗体的 Show 方法时，指定的窗体尚未加载，Visual Basic 将自动装载该窗体。

（2）隐藏窗体。把一个窗体的 Visible 属性设置为 False 或使用它的 Hide 方法，就可以把窗体隐藏。其语法格式如下：

```
［窗体名.］Hide
```

功能：将窗体隐藏起来。

说明：隐藏窗体并不把窗体从内存中卸载，只是变得不可见。在使用 Visible 属性或 Hide 方法隐藏窗体时，如果窗体尚未加载，则 Visual Basic 会加载该窗体，但不会让它显示出来。

3.5　实　训　项　目

【实训 3-1】　多文档界面应用程序的设计

1．实训目的

（1）掌握多文档界面的建立和使用。

（2）理解 MDI 父窗体和 MDI 子窗体之间的联系。

（3）掌握 MDI 程序设计有关的属性、方法和事件。

2．实训要求

（1）用户选择"文件"菜单中的"新建"命令，可以立即新建一个具有图片的文档。

（2）选择"布局"主菜单中的菜单命令，可以改变多个文档的布局形式，【实训 3-1】运行的两个界面如图 3-17 所示。

图 3-17 【实训 3-1】运行的两个界面

任务 4

设计一个时间转换器

4.1 任务要求

设计一个时间转换器，在文本框中输入总秒数，单击"计算"命令按钮，则将秒数转化成小时、分钟和秒数，并显示在不同的文本框中，单击"退出"按钮，结束应用程序。例如，输入 4628 秒，应输出 1 小时 11 分 8 秒，时间转换器如图 4-1 所示。

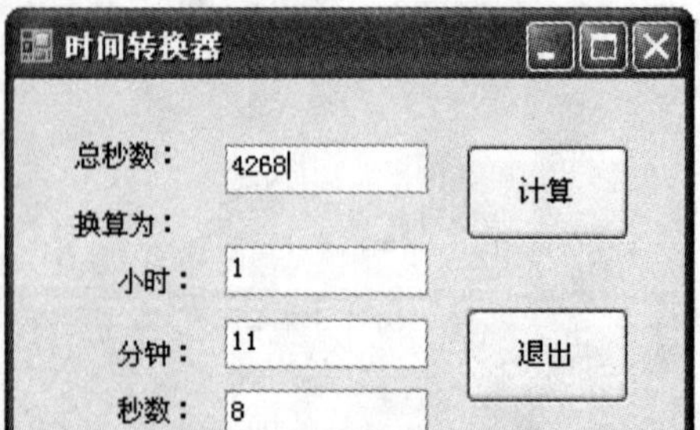

图 4-1 时间转换器

4.2　知　识　要　点

4.2.1　数据类型

为了方便识别和处理编程语言系统中的不同信息，这些信息在计算机中具有不同的表示方法，占用不同的储存空间，把语言系统中这些信息称为数据类型。Visual Basic.NET 使用的每种数据类型都与公共语言运行时（Common Language Runtime，CLR）的通用类型系统（Common Type System，CTS）中的一种类型直接对应。这为构建跨语言集成，保证代码类型安全，确保用不同语言编写的对象能够交互作用打下了基础。

CTS 支持两种类型：值类型和引用类型。

值类型直接包含数据。它包括所有的数值数据类型、Char、Boolean、Date、所有结构和枚举类型。

引用类型包含指向对象实例的引用或指针。两个引用类型数据可以指向同一个对象实例，因此对一个引用类型数据的操作会影响到其他引用类型数据。

引用类型包括 String、所有数组和类。

1．基本数据类型

（1）字符和字符串。字符（Char）：Unicode 字符 Char 数据类型是无符号的单个双字节（16 位）Unicode 字符。Char 类型和数字类型之间的转换可以通过函数实现类型转换。

字符串（String）是一个字符序列，String 字符串类型是 0 个或多个 Unicode 字符的序列。由 ASCII 字符组成，包括标准的 ASCII 字符和扩展 ASCII 字符。如果某个变量总是包含字符串而从不包含数值，则将它声明为 String 类型。

（2）数值。分为整型数、浮点数和十进制型三类，有时也把浮点型和十进制型作为非整型数据类型。其中整型数又分为短整型、整型和长整型，浮点数分为单精度浮点型和双精度浮点型。

① 整型：整型数是指不带小数点和指数符号的数，在机器内部以二进制补码形式表示。用整型数进行算术运算比用其他数据类型快。在 Visual Basic.NET 中使用 Integer 类型进行算术运算是最快的。

● 短整型（Short）：2 字节。

● 整型（Integer）：4 字节。

● 长整型：8 字节。

② 非整型数据类型：它们都是有符号类型，如果数据可能包含小数，则将其声明为这些类型之一。

浮点数也称实型数或实数，是带有小数部分的数值。包括单精度数 Single（4 字节）、双精度浮点数 Double（8 字节）和 Decimal 数据类型（6 字节）。

（3）其他数据类型。

① 字节（Byte）：字节实际上是一种数值类型，以 1 字节的无符号二进制数存储，其取值范围为 0～255。

② 布尔（Boolean）：以 16 位（2 字节）的数值形式存储，但取值只能是 True 或

False。Boolean 数据类型是被解释为 True 或 False 的无符号值。如果某个变量只能包含两个状态，则将它声明为 Boolean 类型。Boolean 没有文本类型字符，它的默认值是 False。

在将数值数据类型转换为 Boolean 值时，0 会转换为 False，而其他所有值都将转换为 True。在将 Boolean 值转换为数值类型时，False 将转换为 0，True 将转换为 1。

建议不要编写依赖 True 和 False 的等价数值的代码，以免出现不必要的错误。

③ 日期（Date）：存储为 64 位（8 字节）整数值形式，其可以表示的日期范围从公元 1 年 1 月 1 日到 9999 年 12 月 31 日，而时间可以从 0:00:00～23:59:59。任何可辨认的文本日期都可以赋值给日期变量。日期文字须用数字符号"#"括起来，格式必须为 m/d/yyyy，如 #5/31/2002#。

基本数据类型如表 4-1 所示。

表 4-1　基本数据类型

数 据 类 型	.NET 类型名	占 用 字 节	取 值 范 围
Boolean	System.Boolean	1	True 或 False
Byte	System.Byte	1	0～255（无符号）
Char	System.Char	2	0～65535（无符号）
Date	System.Date	8	公元 1 年 1 月 1 日到 9999 年 12 月 31 日
Decimal	System.Decimal	12	无小数点为+/−79,228,162,514,264,337,593,543,950,335 小数点右边有 28 位数时为 +/−7.9228162514264337593543950335 最小的非零值为+/−0.0000000000000000000000000001
Double	System.Double	8	负数为−1.79769313486231E308～−4.94065645841247E−324 正数为 4.94065645841247E−324～1.79769313486231E308
Integer	System.Integer	4	−2147483648～−2147483647
Long	System.Long	8	−9223372036854775808～9223372036854775807
Object	System.Object	4	任何数据类型都可存储在 Object 类型变量中
Short	System.Short	2	−32768～32767
Single	System.Single	4	负数为−3.402823E38～−1.401298E−45 正数为 1.401298E−45～3.402823E38
String	System.String	10（2×字符串长度）	0 到约 20 亿个 Unicode 字符

2．枚举类型

当一个变量只有几种可能的值时，可以定义为枚举类型。所谓"枚举"，是指将变量的值一一列举出来，变量的值只限于列举出来的值的范围内。因此它实际上提供了处理相关联的常数集的方便途径。枚举是一组值的符号名。

在类或模块的声明部分用 Enum 语句创建枚举。不能在方法中声明枚举。使用 Private、Protected、Friend 或 Public 来指定适当的代码访问级别。

定义枚举类型可以将一组标识符与一组常数联系起来，在程序中，使用标识符代替常数可以增强程序的可读性。定义枚举类型的一般格式为：

```
[Public | Private] Enum <定义枚举类型标识符>
    成员名 [=常数表达式]
    成员名 [=常数表达式]
    ……
```

```
End Enum
```

　　常数表达式部分可以省略，没有常数部分说明的成员名对应的值为前一个成员的常数值加 1。在默认情况下，枚举中的第一个常数被初始化为 0。常数表达式可以是 Long 型范围内的任何值。

　　例如声明：

```
Imports System    '导入 System 命名空间
Private Enum Color
    Red
    Green=254
    Blue
End Enum
```

　　经此定义后枚举成员名称及其关联值为：

```
Red=0
Green=254
Blue=255
```

4.2.2　常量与变量

　　在高级语言中，需要对存放数据的内存单元进行命名，通过内存单元名来访问其中的数据。被命名的内存单元，可以是变量或常量，也可以是过程或函数。

　　变量、常量、过程、函数及其他对象在使用时要有名称，其名称命名规则如下：

- 名称中的字符可由字母、汉字、数字和下画线组成，但名称的第一个字符必须是字母或汉字。
- Visual Basic.NET 语言不区分大小写，如 abc 和 ABC 是两个完全相同的标识符。
- 名称不能命名为 Visual Basic.NET 的保留字及在 Visual Basic.NET 中有特殊含义的字符。

　　这里所说的保留字是 Visual Basic.NET 保留的具有固定含义的标识符，用来表示系统提供的类型、语句、函数、过程和方法等；句点（.）、感叹号（!）、@、&、$、#等这些特殊字符在 Visual Basic.NET 中都有特殊的含义，所以都不能作为标识符。

　　以上是 Visual Basic.NET 对定义标识符的基本规定，必须遵守。但在实际使用过程中，为了程序编写的方便，以及提高程序的可读性，还制定了一些命名的原则如下：

- 尽量见名知意。在自定义名称时，所定义的名称能反映它所代表的编程对象的意义，见名知意，从而提高程序的可读性。如定义一个整型变量用于存放总量可以起名为 iSum；定义一个存放学生姓名的变量，可以起名 stuName 等；在给控件起名时一般用 3 到 5 个小写字母作为每类对象 Name 属性的前缀，后面几个字母反映控件的作用，使程序更具有可读性。
- 逻辑类型变量的名称应该包含 Is，例如：fileIsOpen。
- 控件标识符最好由控件类型和控件作用两部分组成，例如："确定"按钮的名称最好为 btnOK，其中，btn 是控件类型 Button 的简写。

1. 常量

（1）字符和字符串常量。字符和字符串常量：用双引号括起来的除双引号和回车符以外的任何 ASCII 字符，长度不能超过 2^{31} 个字符。

（2）数值常量。5 种表示方式，即短整数、整数、长整数、浮点数和十进制数。

① 短整数。

十进制短整数：$-32768 \sim 32767$。

十六进制短整数：&H0～&HFFFF（不区分大小写）。

八进制短整数：&O0～&O177777 或&0～&177777。

② 整数。

十进制整数：$-2147483648 \sim 2147483647$。

十六进制整数：&H0～&HFFFFFFFF（不区分大小写）。

八进制整数：&O0～&O37777777777 或&0～&37777777777。

③ 长整数。

十进制长整数：$-9223372036854775808 \sim 9223372036854775807$。

十六进制长整数：&H0&～&H7FFFFFFFFFFFFFFF&（不区分大小写）。

八进制长整数：&O0&～&O777777777777777777777&。

　　　　　　　或&0&～&777777777777777777777&。

④ 浮点数：取值范围如表 4-1 所示。

⑤ 十进制型数（Decimal）：取值范围如表 4-1 所示。

（3）值类型字符。默认情况下，编译器把整数值作为 Integer 类型处理（除非大到必须用 Long 类型表示），把非数值作为 Double 类型处理。可通过值类型字符显示指定一个常数的类型，只要把值类型字符加到一个值的后面即可，利用值类型字符表示数据示例如表 4-2 所示。其他数据类型，如 Boolean、Byte、Object、String 没有值类型。

表 4-2　利用值类型字符表示数据示例

值类型字符	数据类型	示　　例
S	Short	Num=1397S
I	Integer	Num=1397I
L	Long	Num=1397L
D	Decimal	Num=1397D
F	Single	Num=1397F
R	Double	Num=1397R
	Char	Ch="*"C

（4）符号常量。代码经常包含反复出现的常数值。它也可能依赖于某些难于记忆或没有明显意义的数值。在这些情况下，可通过使用常数来提高代码的可读性，并使代码更易于维护。符号常量是有意义的名字，用以取代在程序运行中不变的数值或字符串，分为系统常量和用户定义常量两种。

① 系统常量。在用户程序中可不加说明直接引用。Visual Basic.NET 中有很多内部符号常量，如回车换行符 CrLf（Microsoft.VisualBasic.ControlChars）等。Visual Basic.NET 系统内部定义的常量可在"对象浏览器"中查看。

② 用户定义符号常量。在 Visual Basic.NET 中，可以定义符号常量，用来代替数值或字符串。其语法格式如下：

```
[Public | Private] Const 常量名 [ As 数据类型]=表达式[,常量名 [ As 数据类型]=表达式]…
```

其中,

➢ Const: 是定义符号常量的语句定义符。

➢ 表达式: 由数值、字符串等常量和运算符组成,可以包含前面定义过的符号常量,但不能使用函数调用。由于常量可以用其他常量定义,因此,在两个以上常量之间不要出现循环或循环引用。

➢ 数据类型: 所有基本数据类型或自定义数据类型的关键字,说明符号常量的类型。

 注意

当在一行同时定义多个常量时,用逗号进行分隔。

例如:

```
Public Const MyString As String="HELP! ",TempData%=20,PI As Single=3.1415926
```

2. 变量

(1)变量的类型。变量是指在程序执行过程中,其值可以改变的量。变量具有名称和数据类型,程序中通过变量名引用变量;变量的数据类型决定了变量在内存中所占的存储空间的字节数及所存放的数据的类型。

变量的数据类型可以是数值型、字符串型、字符型、日期型和逻辑型等基本数据类型,也可以是用户自定义的数据类型。

(2)变量的声明。

① 用类型说明符来定义。

把类型说明符放在变量名的尾部,可以标识不同的变量类型。其中“%”表示整型(Integer),“&”表示长整型(Long),“!”表示单精度型(Single),“#”表示双精度型(Double),“@”表示十进制型(Decimal),“$”表示字符串型(String)。

注意

Boolean、Byte、Char、Date、Object 和 Short 无类型说明符默认情况下,Visual Basic.NET 编译器强制使用显示变量声明,声明变量时指定其类型可以用下面的格式定义变量:

声名 变量名 As 类型

“声明”可以是 Dim、Public、Protected、Friend、Protected Friend、Private、Shared 或是 Static,“类型”可以是基本数据类型或用户定义的类型。例如:

```
Dim Var1 As Integer=5     ' 定义变量 Var1 为整型,并初始化值为 5
Dim Total As Double       ' 定义变量 Total 为双精度
Dim a,b,c As Integer      ' 定义变量 a,b,c,均为整型

Dim a,b,c As Integer=42   ' 不允许通过单个类型声明符声明多个变量为其显示初始化值
Dim a As Interger=20, b As Long=33  ' 允许在一行内声明多个变量并为其显示初始化值
```

注意

● 用 Dim 语句声明的变量可用于包含该 Dim 语句所在程序的所有代码。
● 声明时可指定初始值。若不指定，则 Visual Basic.NET 将其初始化为相应数据类型的默认值（如表 4-3 所示）。

表 4-3 相应数据类型的默认值

数 据 类 型	默认初始值
所有数值类型（包括 Byte）	0
Char 类型	二进制 0
所有引用类型（包括 Object、String 和所有数组）	Nothing
Boolean 类型	False
Date 类型	公元 1 年 1 月 1 日 12:00AM

● 一个 Dim 语句中可以声明多个变量。
● Static 用于在过程中定义静态变量和数组变量，例如：

```
Static Var1 As String
```

● Public 用来定义全局变量或数组，例如：

```
Public Total As Integer
```

② 变量的隐式声明。

隐式声明的变量不需要使用 Dim 语句，因而比较方便，并能节省代码，但有可能带来麻烦，使程序出现无法预料的结果，而且较难查出错误。

默认情况下，Visual Basic.NET 是强类型语言，利用编译器选项（选择菜单命令"工具"→"选项"，或"项目解决方案"或"Visual Basic 默认值"），可以改变这种限制。

变量的隐式声明格式有三种，分别如下：

格式 1：

Option Explicit On：编译器默认选项，要求变量必须先定义后使用。

Option Explicit Off：所有未经定义的变量均为 Object 类型。

Option Explicit 语句在模块层使用，必须出现在模块中所有过程之前。

格式 2：

Option Compare Binary：编译器默认选项，字符串比较区分大小写。

Option Compare Text：字符串比较不区分大小写。

Option Compare 语句在模块层使用。

格式 3：

Option Strict on：需要时显示地转换类型。

Option Strict off：自动进行类型转换，编译器默认选项。

 注意

Option Strict 语句在模块层使用。

③ 通用数据类型。

Object 类型为 Visual Basic.NET 的根类型，任何数据类型，包括系统预定义的数据类型和用户自定义的数据类型，都可以被隐式地转换为 Object 类型。

使用 Object 类型，必须把编译器选项 strict 设为 off，例如：

```
Option Strict off
```

Object 类型的定义。例如：

```
Dim somevalue As Object
Dim somevalue
```

若 Option Explicit 编译器开关为 off，则一个变量未经定义而直接使用，其类型为 Object 类型变量。

Object 类型变量中可以存放任何数据类型的值，不必进行转换。

3. 变量的作用域和生存期

（1）变量的作用域。

变量的作用域具有 4 个级别，即代码块（Block）级变量、过程（Procedure）级变量、模块（Module）级变量和公用（Public）变量，各种变量位于不同的层次。

① 代码块级变量。

只能在所声明的代码块中使用，代码块级变量通过 Dim 语句声明。

② 过程级变量。

在过程（事件过程或通用过程）内声明的变量称为过程级变量，也称局部变量。可以用 Dim 或 Static 声明，其作用域是它所在的过程。

③ 模块级变量。

在 Visual Basic.NET 中，模块通常指的是一个类。可用于该模块内的所有过程。在使用模块级变量前，必须先声明。

④ 公用变量。

公用变量也称全局变量，其作用域最大，可以在项目的每个模块、每个过程中使用。公用变量在模块中声明使用的关字键字是 Public，不能用 Dim 语句声明，更不能用 Private 语句声明；同时，公用变量只能在模块的声明部分中声明，不能在过程中声明。模块通过"项目"菜单中的"添加模块"命令来建立。各类变量的作用域与声明方式如表 4-4 所示。

表 4-4　各类变量的作用域与声明方式

名　称	作 用 域	声 明 位 置	使 用 语 句
代码块级变量	代码块内	代码块内	Dim
过程级变量	过程	过程中	Dim 或 Static
模块级变量	模块内	类或模块中所有过程之外	Dim 或 Private
公用变量	项目内	模块中所有过程之外	Public

📖 **注意**

代码块：是一个程序段，通常指一个控制结构。
过程：事件过程或通用过程。
模块：通常指一个类。模块级变量不能隐式声明。

（2）变量的生存期。

变量的生存期代表了变量中能够存储值的时间段，在这个时间段中，变量值可能会被修改，但总是包含某个值。

模块级变量和公用变量的生存期与应用程序的生存期相同，对于用 Dim 声明的局部变量以及声明局部变量的过程，只是当过程执行时这些局部变量才有值，一个过程执行完毕后，它的局部变量的值便不再存在，而变量所占据的内存也被释放。当下一次执行该过程时，它的所有的局部变量将重新被初始化，通常把这类变量称为动态变量。

还有一类称为静态变量。离开该变量的作用范围后并不释放内存单元，但也不能对该变量进行存取，当以后再次进入该变量的作用范围时，原来变量的值还可以接着继续使用。使用 Static 关键字声明的变量属于静态变量。如果是用 Static 关键字声明局部变量，则即使在过程结束后，变量依然存在并且保留其值。

静态变量、模块级变量和公用变量生存期与应用程序生存期相同。代码块级变量和过程级变量生存期为整个过程。

4.2.3 常用内部函数

Visual Basic.NET 提供了大量的内部函数供用户在编程时调用。内部函数按其功能可分为数学函数、转换函数、字符串函数、日期函数和格式输出函数等，这些函数带有一个或几个参数。

以下函数介绍中，本书约定用 N 表示数值表达式、C 表示字符表达式、D 表示日期表达式。

函数的一般调用格式如下：

<函数名>（[<参数表>]）

🔍 **说明**

参数表可以是一个参数或用逗号隔开的多个参数，多数参数都可以使用表达式，函数一般作为表达式的组成部分调用。

1．数学函数

数学函数主要用来完成数学运算，如表 4-5 所示列出了常用数学函数的功能和示例。

表 4-5 常用数学函数的功能和示例

函 数 名	功 能	示 例	结 果
Abs(N)	求 N 的绝对值	Abs(-2.5)	2.5
Exp(x)	求以 e 为底的指数对数，即求 e^N	Exp(3)	20.08554（Single 值）

续表

函 数 名	功　　能	示　　例	结　　果
Log(N)	求以 e 为底的自然对数，$N>0$	Log(10)	2.302585 (Single 值)
Sqr(N)	求平方根，N 必须大于等于 0	Sqr(9)	3
Int(N)	取小于等于 N 的最大整数	Int(-3.5) Int(3.5)	−4 3
Fix(N)	取整	Fix(-3.5)	−3
Round(N1[,N2])	对 $N1$ 保留 $N2$ 位小数的情况下四舍五入，默认 $N2$，则取整	Round(2.86,1) Round(2.86)	2.9 3
Sgn(N)	求 N 的符号，当 $N>0$，返回 1；$N=0$，返回 0；$N<0$，返回−1	Sgn(-2.5)	−1
Rnd(N)	产生一个（0，1）之间的单精度随机数	Rnd(N)	0～1 之间的数
Sin(N)	求 N 的正弦值，N 的单位是弧度	Sin(90)	0
Cos(N)	求 N 的余弦值，N 的单位是弧度	Cos(0)	1
Tan(N)	求 N 的正切值，N 的单位是弧度	Tan(0)	0
Atn(N)	求 N 的反正切值，N 的单位是弧度，函数返回的是弧度值	Atn(0)	0

说明

Rnd（N）函数，N 决定了函数生成随机数的方式，各种取值情况如下：

N＜0：以 N 为随机种子，每次返回相同的随机数。

N＞0（或者默认）：产生序列中的下一个随机数。

N=0：给出的是上一次本函数产生的随机数。

在实际应用中，如果需要产生不相同的随机数数列，在调用 Rnd 函数之前，先使用 Randomize (Timer)或 Randomize 语句初始化随机数生成器，这样，重复调用 Rnd 函数，每次产生的随机数不同。例如，在动态开奖器中，希望产生 2～37 之间的随机整数，语句如下：

```
Randomize (Timer)
rdmData=Int (Rnd*(37-2+1))+2
```

2．字符串函数

常用的字符串函数的功能及示例如表 4-6 所示。

表 4-6　常用的字符串函数的功能及示例

函 数 名	功　　能	示　　例	结　　果
Len(C)	求字符串的字符长度（个数）	Len("VB 语言")	4
LenB(C)	求字符串的字节个数	LenB("VB 语言")	8
Left(C)	从字符串左边取 N 个字符	Left("Visual Basic", 2)	"Vi"
Right(C,N)	从字符串右边取 N 个字符	Right("Visual Basic", 2)	"ic"
Mid(C,N1,N2)	从字符串左边第 $N1$ 个位置开始向右取 $N2$ 个字符	Mid("Visual Basic", 2,3)	"isu"
Ucase(C)	将 C 字符串中所有小写字母改为大写	Ucase("Basic")	BASIC
Lcase(C)	将 C 字符串中所有大写字母改为小写	Lcase("Basic")	basic
Ltrim(C)	去掉字符串左边的空格	Ltrim("　Basic")	"Basic"
Rtrim(C)	去掉字符串右边的空格	Rtrim("Basic　")	"Basic"

函 数 名	功　　能	示　　例	结　　果
Trim(C)	字符串两边的空格	Trim(" Basic ")	"Basic"
Space(N)	得到 N 个空格	Space(3)	" "

3．日期函数

常用的日期和时间函数如表 4-7 所示。

表 4-7　常用的日期和时间函数

函 数 名	功　　能	示　　例	结　　果
Date()	返回系统日期	Date()	2004-10-20
Time()	返回系统日期	Time()	5:30:00
Now	返回系统日期和时间	Now	2004-10-20 5:30:00
Hour(Now)或 Hour(Time)	返回系统时间的小时数	Hour(Now)	11
Minute(Now)或 Minute(Now)	返回系统时间的分钟数	Minute(Now)	20
Month(Now) Month(Time) Month(C)	返回系统的月份 返回一年多少个月 返回月份代号（1-12）	Month(Now) Month(Time) Month("06-7-18")	7 12 7
Year(Now) Year(C)	返回系统的年份 返回年代号（1752-2078）	Year("06-7-18")	2006
Day(Now) Day(C)	返回系统的日期 返回日期代号（1-31）	Day(Now) Day("06-7-18")	18 18
MonthName(N)	返回月份名	MonthName(1)	一月
WeekDay (Now) WeekDay (Time) WeekDay(C)	返回系统的星期 返回一个星期的天数 返回星期代号（1-7），星期日为 1	WeekDay (Now) WeekDay (Time) WeekDay("06-7-18")	3 7 3
WeekDayName(N)	根据 N 返回星期名称，1 为星期日	WeekDayName(1)	星期日

4．类型转换函数

转换函数用来实现不同类型数据之间的转换。常用的转换函数的功能和示例如表 4-8 所示。

表 4-8　常用的转换函数的功能和示例

函 数 名	功　　能	示　　例	结　　果
Str(N)	数值转换成字符串	Str(50.2)	"50.2"
Val(N)	将字符串 N 中的数字转换成数值	Val("23ab")	23
Chr(N)	ASCII 码值转换成字符	Chr(65)	"A"
Asc(C)	字符转换成 ASCII 码值	Asc("a")	97
Cint(N)	数值型数据小数部分四舍五入取整	Cint(5.7)	6
Hex$(N)	十进制转换为十六进制，返回的是字符串型值	Hex$(30)	"1E"
Oct$(N)	十进制转换为八进制，返回的是字符串型值	Oct$(10)	"12"
Lcase(C)	大写字母转换为小写字母	Lcase("ABC")	abc
Ucase(C)	小写字母转换为大写字母	Ucase("abc")	ABC
CBool(x)	将任何有效的数字字符串或数值转换成逻辑型 非零数字字符串或数值即为真	CBool(2) CBool("0")	True False

续表

函 数 名	功 能	示 例	结 果
CByte(N)	将 0~255 之间的数值转换成字节型	CByte(6)	6
CDate(D)	将有效的日期字符串转换成日期	CDate(#2006-07-18#)	2006-07-18
CCur(N)	将数值数据转换成货币型	CCur(25.6)	25.6
CStr(N)	数值型数据转换成字符串型	CStr(12)	"12"
CVar(N)	转换成变量型	CVar("23")+"A"	"23A"
CSng(N)	数值数据转换成单精度型	CSng(23.5125468)	23.51255
CDbl(N)	数值数据转换成双精度型	CDbl(23.5125468)	23.5125468

5．其他常用函数

（1）Shell 函数。

前面介绍了通用过程的定义及其调用，实际上，在 Visual Basic.NET 中，不但可以调用通用过程，而且可以调用各种应用程序，也就是说，凡是能在 Windows 下运行的应用程序，基本上都可以在 Visual Basic.NET 中调用。这一功能通过 Shell 函数来实现。

Shell 函数的格式如下：

```
Shell(命令字符串,窗口类型,等待,时间)
```

用 Shell 函数可以运行一个可执行文件，在该程序运行期间，返回一个包含该程序的进程 ID 的整数。该函数有 4 个参数，除第一个参数外，其他 3 个参数都是可选的。各参数含义如下：

① 命令字符串：要执行的应用程序的文件名（包括路径），它必须是能在 Windows 下运行的可执行文件，其他文件不能用 Shell 函数执行。

② 窗口类型：用来指定程序运行期间窗口的类型，其值为 AppWinStyle 枚举类型，该枚举与需要在其中运行程序的窗口样式相对应，"窗口类型"取值如表 4-9 所示。

表 4-9 "窗口类型"取值

枚 举 值	窗 口 类 型
AppWinStyle.Hide	窗口被隐藏，焦点移到隐式窗口
AppWinStyle.NormalFocus	窗口具有焦点，并还原到原来的大小和位置
AppWinStyle.MinimizedFocus	窗口以一个具有焦点的图标来显示
AppWinStyle.MaximizedFocus	窗口是一个具有焦点的最大化窗口
AppWinStyle.NormalNoFocus	窗口被还原到最近使用的大小和位置，而当前活动的窗口仍然保持焦点
AppWinStyle.MinimizedNoFocus	窗口以一个图标来显示，而当前活动的窗口仍然保持焦点

如果省略"窗口类型"，则 Shell 使用默认值 AppWinStyle.MinimizedFocus，这将使程序以最小化启动并具有焦点。

③ 等待：是一个 Boolean 值。指示 Shell 函数是否等待程序执行完。如果设置为 True，则等待，否则不等待。如果省略"等待"，则 Shell 使用默认值 False。

④ 时间：是一个 Integer 值。当"等待"为 True 时，该参数是等待完成的毫秒数。如果省略"时间"，则 Shell 使用默认值-1，表示不超时，Shell 直到程序执行完后才返回。因

此，如果省略"时间"或将它设置为-1，则只要被调用的程序没有执行完毕，Shell 就不会控制返回给当前程序。

使用 Shell 函数时应注意以下几点：

① Shell 函数的返回值取决于"命令字符串"中指定的程序在 Shell 返回时是否仍在执行。如果将"等待"参数设置为 True，并且程序在"时间"参数值之前结束，则 Shell 返回0。如果超过了"时间"参数设置的值，或者省略"等待"参数或将它设置为 False，则 Shell 返回程序的进程 ID，进程 ID 是标识正在运行的程序的唯一数值。

② 如果 Shell 函数无法启动指定的应用程序，则会出现 System.IO.FileNotFoundException 错误。例如，当试图从使用 System.Windows.Forms 的应用程序运行 16 位程序（如 command.com）时，可能会发生这种情况。解决办法是运行 16 位程序所对应 32 位程序。例如，为了进入 DOS 状态，不要运行 command.com（16 位），而是运行 cmd.exe（32 位）。

③ 默认情况下，Shell 函数是以异步方式来执行其他程序的。也就是说，用 Shell 启动的程序可能还没有执行完，就已经执行 Shell 函数之后的语句，如果想等待调用的程序结束后再继续，则应将"等待"参数设置为 True。

（2）IIf 函数。

该函数的语法格式为：

```
IIf(表达式 1，表达式 2，表达式 3)
```

IIf 函数的功能为，当表达式 1 的值为 True 时，函数的返回值为表达式 2 的值，否则，函数的返回值为表达式 3 的值。

例如：

```
Dim x As Single,y As Single
x=Val(InputBox("x="))
y=IIf(x>=0,x,-x)
```

运行上述代码，输入的 x 值为大于或等于 0 的数时，变量 y 的值等于 x；输入的 x 值为负数时，变量 y 的值等于-x。

4.2.4　运算符与表达式

运算是对数据进行加工处理的过程，描述各种不同运算的符号称为运算符。参与运算的数据称为操作数。Visual Basic.NET 中有算术、赋值、比较、串联、逻辑/按位及其他运算符。表达式是由运算符和配对的圆括号将常量、变量、函数、对象的属性等操作数以合理的形式组合而成的式子。

1．算术运算符

（1）指数运算。

指数运算用来计算乘方和方根，其运算符为"^"。

（2）浮点数除法与整数除法。

浮点数除法运算符（/）执行标准除法操作，其结果为浮点数。

整数除法运算符（\）执行整除运算，结果为整型值。

（3）取模运算。

取模运算符 Mod 用来求余数，其结果为第一个操作数整除第二个操作数所得的余数。运算符使用示例如表 4-10 所示。

表 4-10 运算符使用示例

功　能	示　例	结　果
乘方	Y=2^3	8
取负（单目运算符）	X=−Y	若 Y=5，则 X=−5
乘	Y=9*(3+2)	45
除	Z=7 / 2	3.5
整除	X=7\2	3
求余	X=37mod2	1
加	X=56+12	68
减（单目运算符）	X=56−12	42

（4）算术运算符的优先级。

指数运算符（^）优先级最高，其次是取负（−）、乘（*）、浮点除（/）、整除（\）、取模（Mod）、加（+）、减（−）、字符串连接（&）。其中乘和浮点除是同级运算符，加和减是同级运算符。当一个表达式中含有多种算术运算符时，必须严格按上述顺序求值。此外，如果表达式中含有括号，则先计算括号内表达式的值；有多层括号时，先计算内层括号。算术运算符的优先级顺序如表 4-11 所示。

表 4-11 算术运算符的优先级顺序

优先顺序	运　算　符
1	^
2	−（取负）
3	*、/
4	\
5	mod
6	+、−（减）
7	&

（5）字符串连接。

算术运算符"+"也可以用作字符串连接符，它可以把两个字符串连在一起，生成一个较长的字符串。

除了可以用"+"来连接字符串外，还可以用"&"作为字符串连接符。

注意

1）整数除法中，当操作数带有小数时，首先被四舍五入为整型或长整型数，然后进行整除运算，其运算结果被截断为整型数或长整数，不进行舍入处理

2）"+"也可作为字符串连接运算符，但"&"比"+"更安全

3）注意运算符的优先级

2. 复合赋值运算符

部分算术运算符可以与赋值运算符（=）结合使用，构成组合运算符，用来进行自反操作，称为自反赋值运算符或复合赋值运算符。Visual Basic.NET 中的复合赋值运算符和示例如表 4-12 所示。

表 4-12　复合赋值运算符和示例

优 先 顺 序	复合赋值运算符	初 始 条 件	示　例	结　果
1	=	X=2	Y=-X	Y=-2
2	^=	Y=7:X=2	Y^=X	Y=49
3	*=	Y=7:X=2	Y*=X	Y=14
4	/=	Y=7:X=2	Y/=X	Y=3.5
5	\=	Y=7:X=2	Y\=X	Y=3
6	+=	Y=7:X=2	Y+=X	Y=9
7	-=	Y=7:X=2	Y-=X	Y=5
8	<<=	Y=7:X=2	Y<<=X	Y=28
9	>>=	Y=7:X=2	Y>>=X	Y=1
10	&=	Y=7:X=2	Y&=X	Y=72

3. 关系运算符和逻辑运算符

（1）关系运算符。

比较的结果是一个 Boolean 值，即 True（真）或 False（假）。包含的运算符和示例如表 4-13 所示。

表 4-13　包含的运算符和示例

优 先 顺 序	运 算 符	含　义	示　例	结　果
1	>=	大于等于	"abc">="ABC"	True
2	<=	大于或等于	"abc">="ABC"	False
3	=	等于	"abc"="ABC"	False
4	<>或><	不等于	"abc"<>"ABC"	True
5	Like	字符串匹配	"5" Like [0-9]", ""a" Like	True
6	Is	对象比较	若 Dim x As New Form ,y As New Form1 则 x Is y	False

其中，Like 关系运算符的用法如表 4-14 所示。

表 4-14　Like 关系运算符的用法

匹 配 字 符	含　义	示　例	结　果
*	通配符，任意个字符	"ABCD" Like"*CD"	True
?	单配符，任意单个字符	"BCD" Like "?CD"	True
#	单配数字符	"12abcd" Like "##abc"	True
[Str]	Str 中的任意单个字符	"a" Like "[abc] "	True
[!Str]	不在 Str 中的任意单个字符	"d" Like "[!abc]"	True

（2）逻辑运算符。

逻辑运算也称布尔运算符。逻辑表达式是指用逻辑运算符连接若干关系表达式或逻辑值而组成的一个表达式。

Visual Basic.NET 的逻辑运算符有：And、Or、Not、Xor、AndAlso、OrElse 分别表示与、或、非、异或、短路逻辑合取（短路与）、短路逻辑析取（短路或）。其执行顺序为：

And、Or、Not、Xor、AndAlso、OrElse。

其中，AndAlso（短路与）作用与 And 类似，但具有短路功能；OrElse（短路或），作用与 Or 类似，也具有短路功能；And 或 Or 支持对数值进行按位运算，AndAlso、OrAlse 却不支持。

如果编译的代码可以根据一个表达式的计算结果跳过对另一表达式的计算，则将该逻辑运算称为"短路"。如果第一个表达式的计算结果可以决定运算的最终结果，则不需要计算另一个表达式，因为它不会更改最终结果。如果跳过的表达式很复杂或涉及过程调用，则短路可以提高性能。

AndAlso 和 OrElse 通过短路逻辑求值可减少执行时间。如果 AndAlso 运算符的第一个操作数求出的值为 False，则不对第二个操作数求值，结果为 False。类似地，如果 OrElse 运算符的第一个操作数求出的值为 True，则不对第二个操作数求值，结果为 True。

Not、And、Or、Xor 逻辑运算的真值表如表 4-15 所示。

表 4-15　逻辑运算的真值表

A	B	Not A	A And B	A Or B	A Xor B
False	False	True	False	False	False
False	True	True	False	True	True
True	False	False	False	True	True
True	True	False	True	True	False

（3）表达式的执行顺序。
① 首先进行函数运算。
② 接着进行算术运算。
③ 然后进行关系运算。
④ 最后进行逻辑运算。

4.2.5　标签

标签主要用来显示文本信息，所显示的文本只能用 Text 属性来设置或修改，不能直接编辑。有时侯，标签常用来标注本身不具有 Text 属性的控件。例如，可以用标签对列表框、组合框等控件附加描述性信息。

标签的属性、事件和方法

标签的部分属性与窗体及其他控件相同，包括 BackColor、ForeColor、Font、Height、Left、Name、Top、Visible、Width 等。其他属性说明如下：
（1）Text。
该属性用来设置在标签中显示的文本。标签中的文本只能用该属性显示。
（2）TextAlign。
该属性用来确定标签中文本的放置方式，可以在属性窗口中设置，也可以通过代码设置，一般格式为：

```
Label1.TextAlign=设置值
```

这里的"设置值"是枚举类型 ContentAlignment，可以取代以下 9 种值，Content Alignment 的取值及含义如表 4-16 所示。

表 4-16　Content Alignment 的取值及含义

取　值	含　义
Content Alignment.Top Left	文本在标签的右上角显示（默认）
Content Alignment.Top Center	文本在标签的顶部居中显示
Content Alignment.TopRight	文本在标签的右上角显示
Content Alignment.MiddleLeft	文本在标签的左部居中显示
Content Alignment.MiddleCenter	文本在标签的中部居中显示
Content Alignment.MiddleRight	文本在标签的右部居中显示
Content Alignment.BottomLeft	文本在标签的左下角显示
Content Alignment.BottomCenter	文本在标签的底部居中显示
Content Alignment.BottomRight	文本在标签的右下角显示

例如：

```
Label1.TextAlign=ContentAlignment .BottomCenter
```

将使标签中的文本在标签底部居中显示。

当在属性窗口中设置该属性时，首先单击窗口中的 TextAlign 属性条，然后单击右端的箭头，将下拉显示一个方框，在方框中有 9 个小方框，这些小方框形象的标明了标签中文本的显示位置，单击某个小方框，即可使标签中的文本在相应的位置显示。

（3）AutoSize。

如果把该属性设置为 True，则可根据 Text 属性指定的文本自动调整标签的大小；如果把该属性设置为 False，则标签将保持设计时定义的大小，在这种情况下，如果文本太长，则只显示其中的一部分。

（4）BorderStyle。

用来设置标签的边框，可以取以下 3 种值，BorderStyle 属性值及含义如表 4-17 所示。

表 4-17　BorderStyle 属性值及含义

属　性　值	含　义
None ·	无边框（默认）
Fixed Single	单直线边框
Fixed3D	立体边框（凹陷）

例如，把标签的边框设置为单线，代码如下：

```
Label1.BorderStyle=BorderStyle .Fixed Single
```

（5）Enabled。

该属性设置一个值，用来确定一个窗体或控件是否能够对用户产生的事件做出反应。可以通过属性窗口或程序代码设置，格式如下：

```
对象. Enabled [=Boolean ]
```

这里的"对象"可以是窗体或控件。Enabled 属性的值为 Boolean 类型，当该值为 True 时，允许对象对事件做出反应；如果为 False，则禁止对象对事件做出反应，在这种情况下，对象变为灰色。

（6）Image。

用来设置标签的背景图象。当在属性窗口中设置该属性时，可单击该属性条，然后单击右端的"…"，显示"打开"对话框，在该对话框中选择所需要的图形文件。如果通过代码设置，则格式如下：

```
Label1.Image=Image.FromFile（"文件名"）
```

例如，在窗体启动时，设置标签框中背景图片为 c:\下的图片 1.jpg。语句为：

```
Label1.Image=Image.FromFile("c:\1.jpg")
```

4.2.6　文本框

文本框是一个文本编辑区域。可以在设计阶段或运行期间在这个区域中输入、编辑、修改和显示文本，类似于一个简单的文本编辑器。

1．文本框属性

前面介绍的一些属性也可以用于文本框，这些属性包括：BackColor、BorderStyle、Enabled、Font、ForeColor、Size（Height,Width）、Location（X,Y）、Name、Visiible 此外还具有如下属性：

（1）MaxLength。

用来设置允许在文本框中输入的最大字符数，在一般情况下，该属性使用默认值（32767）。如果把超过 MaxLength 属性设置值的文本赋给文本框，Visual Basc.NET 并不产生错误，但会截去多余的字符。

（2）MultiLine。

该属性用来确定文本框是否执行多行文本，如果把该属性设置为 False，则在文本框中只能输入单行文本，文本框的高度不能调整；当属性 MaxLength 被设置为 Ture 时，可以使用多行文本。在多行文本框中，当显示和输入的文本超过文本框的右边界时，文本会自动换行，在输入时也可以按 Enter 键强行换行，按 Ctrl+Enter 组合键时可以插入一个空行。

（3）PasswordChar。

该属性确定在文本框中是否显示用户输入的字符，常用于密码输入。当把该属性设置为某个字符，如"＊"时，以后用户输入到文本框中的任何字符都将以"＊"替代显示，而在文本框中的实际内容仍是输入的文本，只是显示结果被改变了，因此可以为密码输入使用。

（4）ScrollBars。

该属性用来确定文本框中有没有滚动条，其属性值及含义如表 4-18 所示。

上述属性值可以在属性窗口中设置（通过下拉列表），注意，只有当 Multiine 属性被设置为 True 时，用 ScrollBars 属性设置的滚动条才能其作用。

如果通过代码设置 ScrollBars 属性，则格式如下：

```
TextBox1.ScrollBars=设置值
```

这里的"设置值"是枚举类型 ScrollBars，取值同表 4-18。例如：

```
TextBox1.ScrollBars=ScrollBars.Vertical
```

（5）Text。

该属性用来设置文本框中显示的内容。可以通过属性窗口设置，也可以通过代码设置，例如：

```
TextBox1.Text="Visual Basic.NET"
```

表 4-18　ScrollBars 属性值及含义

属 性 值	含 义
None	文本框中没有滚动条
Horiontal	只有水平滚动条
Vertical	只有垂直滚动条
Both	同时具有水平和垂直滚动条

（6）Locked。

该属性用来指定文本框是否可以移动。当设置值为 False（默认值）时，在设计阶段可以移动文本框；如果设置值为 True 时，则不能移动文本框。

（7）TextAlign。

用来设置文本框中文本的对齐方式，可以取以下 3 种值，TextAlign 属性值及含义如表 4-19 所示。

表 4-19　TextAlign 属性值及含义

属 性 值	含 义
Left	左对齐
Right	右对齐
Center	居中

上述设置值可以在属性窗口中设置（通过下拉列表选择）。如果通过代码设置，则格式如下：

```
TetxBox1.TextAlign=设置值
```

这里的"设置值"是枚举类型 Horizontal Alignment，可以取 3 种值，Horizontal Alignment 取值及含义如表 4-20 所示。

表 4-20　枚举类型 Horizontal Alignment 取值及含义

取 值	含 义
HorizontalAlignment Left	左对齐
HorizontalAlignment Right	右对齐
HorizontalAlignment Center	居中

（8）ReadOnly。

设置文本框是否为只读。如果把该属性设置为 False（默认），则在运行期间文本框可以接收用户的输入，并可以对文本框中的文本进行编辑；如果把该属性设置为 True，则在运行期间不能对文本框中的文本进行编辑，在这种情况下，文本框中的文本可以显示，也可以滚动，但不能编辑。

（9）WordWrap。

用来确定多行文本框是否自动换行。当文本框的 MultiLine 属性被设置为 True 时，如果把 WordWrap 属性设置为 True（默认），则在文本框中输入或输出文本时可以自动换行，并在下一行接着输入或输出；如果把该属性设置为 False，则即使把 MultiLine 属性设置为 True 也不可能使文本框的输入或输出自动换行。

2．文本框事件

文本框支持 Click、DblClick 等鼠标事件，同时支持 TextChanged、LostFocus、GotFocus 事件。

（1）TextChanged 事件。

当用户向文本框中输入新信息，或当程序把 Text 属性设置为新值从而改变文本框的 Text 属性时，将触发 TextChanged 事件。程序执行后，在文本框中每键入一个字符，就会引发一次 TextChanged 事件。

（2）LostFocus 事件。

当控制失去焦点时发生该事件。例如当按下 Tab 键使输入光标离开文本框或者单击窗体中的其他控件时触发该事件。用 TextChanged 事件过程和 LostFocus 事件过程都可以检查文本框的 Text 属性值，但后者更为有效。

（3）GotFocus 事件。

当文本框具有输入焦点（即处于活动状态）时发生该事件，从键盘上输入的每个字符都将在该文本框中显示出来。只有当一个文本框被激活并且其可见性（Visible 属性）为 True 时，才能接收到焦点。

3．文本框方法

Focus 是文本框中较常用的方法，格式如下：

```
对象.Focus
```

这里的"对象"可以是任何具有焦点的控件，该方法可以把焦点移到指定的控件中。当在窗体上建立了多个文本框后，可以用该方法把光标置于所需要的文本框。

4.2.7 按钮控件

按钮可能是 Visual Basic .NET 应用程序中最常用的控件，它是用户与应用程序交互的最简便的方法。在工具箱中，按钮的图标如 所示。其默认名称和标题（Text 属性）为 Button X（其中 X 为 1，2，3…）。

属性和事件

在应用程序中，按钮通常用来在单击时执行指定的操作，以前介绍的大多数属性都可用于按钮，包括 Enabled，Font，Size （Height，Width），Location（X，Y），Name，Visible 等，此外，它还有以下属性：

（1）Text 属性。

该属性用来设置在按钮上显示的文本，其长度不超过 255 个字符。

（2）FlatStyle 属性。

该属性用来设置在按钮的外观，属性值及含义如表 4-21 所示。

表 4-21　FlatStyle 属性值及含义

属 性 值	含 义
Flat	按钮显示为平面
Popup	如果鼠标光标不在按钮上，则按钮显示为平面；如果把鼠标光标移到按钮上， 则按钮以三维效果显示
Standland	按钮以三维效果显示（默认）
System	按钮的外观取决于用户的操作系统

在使用 FlastStyle 属性时，应注意以下几点：

① FlstStyle 是只读属性，只能在设计时通过属性窗口设置。

② 当 FlstStyle 属性被设置为 System 之外的值时，可以用 Image 和 BackGroundImage 属性为按钮设计图形或背景图。

③ Style 属性被设置为不同的值时，其外观也不一样。

（3）Image 属性。

用该属性可以给按钮指定一个图形。为了使用这个属性，必须把 FlatStyle 属性设置为除 System 之外的值，否则 Image 属性无效。

（4）BackGroundImage 属性。

为按钮设置一个背景图形。由 Image 属性设置的图形是"前景"图形。和 Image 属性一样，为了使用这个属性，必须把 FlatStyle 属性设置为除 System 之外的值，否则 BackGroundImage 属性无效。如果把 FlatStyle 属性设置为 System，则可以设置 Image 或 BackGroundImage 属性，但所设置的图形不能被显示出来。

（5）ImageAlign 属性。

该属性用来确定按钮中图形的放置方式，与前面介绍标签的 TextAlign 属性用法相同。

（6）TextAlign 属性。

该属性用来确定按钮中文本的放置方式，与前面介绍标签的 TextAlign 属性用法相同。

4.3　设　计　过　程

4.3.1　创建项目

（1）从 Windows 的"开始"菜单中，启动 Microsoft Visual Studio.NET。

（2）在 Visual Basic.NET 集成开发环境（IDE）中，选择"文件"→"新建项目"菜单命令，打开"新建项目"对话框。

（3）选择"Windows 应用程序"，然后单击"确定"按钮。IDE 中将显示一个新的窗体，并且项目所需的文件也将添加到"解决方案资源管理器"窗口中。同时系统默认应用程序项目的名称为"WindowsApplication1"。

4.3.2　创建用户界面

本例中，需要在窗体上建立 5 个标签 Label1～Label5、4 个文本框 TextBox1～TextBox4 和两个命令按钮 Button1、Button2。文本框 TextBox1 用于输入总秒数，文本框 TextBox2～TextBox4 用于显示转换后的时、分、秒数，文本框的属性采用系统默认值。

本例中窗体及其设置各控件的属性值如表 4-22 所示。

表 4-22　窗体及其各控件的属性值

对　象	属　性	属　性　值
窗体	(名称)	Form1(系统默认)
	Text	时间转换器
按钮 1	(名称)	Button1
	Text	计算
按钮 2	(名称)	Button2
	Text	退出
标签 1(Label1)	Text	总秒数:
标签 2(Label2)	Text	换算为:
标签 3(Label3)	Text	小时:
标签 4(Label4)	Text	分钟:
标签 5(Label5)	Text	秒数:

设计完的窗体界面如图 4-2 所示。

图 4-2　设计完的窗体界面

4.3.3　编写代码

本例中的所有代码都写在 Form1 类中。

1. "计算"按钮代码

```
Private Sub Button1_Click(ByVal sender As System.Object, ByVal e As _
                 System.EventArgs) Handles Button1.Click
    Dim h As Integer, m As Integer, s As Integer, t As Integer
    t=Val(TextBox1.Text)
    h=t \ 3600
    t=t - h * 3600
```

```
            m=t \ 60
            s=t - m * 60
            TextBox2.Text=h
            TextBox3.Text=m
            TextBox4.Text=s
            TextBox1.Focus()
        End Sub
```

2. "退出" 按钮代码

```
Private Sub Button2_Click(ByVal sender As System.Object, ByVal e As _
                        System.EventArgs)  Handles Button2.Click
        End
    End Sub
```

4.3.4 运行和测试程序

运行调试程序可以选择"调试"→"启动调试"菜单命令或按 F5 键，也可以单击"工具栏"中的"启动调试"按钮。如果程序没有错误，程序运行结果如图 4-3 所示。

图 4-3 程序运行结果

4.4 操 作 要 点

4.4.1 Tag 属性

在 Visual Basic.NET 中，若要几个控件（可以是不同类别的控件）共用共同的事件过程，可以通过 Tag 属性进行设置。例如，在窗体上有 3 个按钮，若要这三个按钮响应相同的单击事件，可以做如下操作：

（1）分别设置 3 个按钮的 Tag 属性值为 1、2、3。

（2）编写共同的单击事件过程。

```
Private Sub Button1_Click(ByVal sender As System.Object, ByVal e As _

                        System.EventArgs) Handles Button1.Click, Button2.Click,
Button3.Click
        <语句块>
    End Sub
```

4.4.2 操作小技巧

在界面设计过程中，有时需要将一些对象的共同属性设置成相同的值，如果一个个的设置既浪费时间又容易出错，此时可以将所有对象的属性同时进行设置。步骤如下：

（1）选中所有需要设置的对象。

（2）此时，属性窗口中将显示被选中的所有对象的共同属性，对相应的属性进行设置。

4.5 实 训 项 目

【实训 4-1】 编写一个简单计算器

利用命令按钮、文本框及标签控件编写一个简单计算器。简单计算器的界面如图 4-4 所示。

图 4-4 简单计算器的界面

简单计算器的基本功能为：

（1）基本的四则运算，并输出正确的结果。

（2）小数（尤其是纯小数）的四则运算，并输出正确的结果。

（3）输入区的清空。

任务 5

设计一个学生成绩评定程序

5.1 任务要求

设计一个程序，对输入的学生成绩进行评定，评定方式为：90～100 分为优秀，80～89 分为良好，70～79 分为一般，60～69 分为及格，少于 60 分为不及格。

5.2 知识要点

5.2.1 结构条件语句

1. 单一选择 If...Then 语句

"单一选择"语句是当表达式结果为真时，才执行 Then 后面的语句；若不满足条件，则不执行任何语句。其语句有行结构和块结构两种使用格式，语法格式如下：

```
If <表达式> Then <语句>
```

或者

```
If <表达式> Then
    <语句块>
End If
```

 说明

当<表达式>的值为真（True 或非零值）时，执行 Then 后面的语句或语句块，否则不做任何操作。

其中，<表达式>是一个条件表达式、逻辑表达式或算术表达式；语句块可以是一条语句或多条语句，语句只能是一条语句，若是多条语句，则语句间用冒号分隔，必须在一行上书写。例如：

```
If a >= 90 Then Label1.Text = "优秀"    '如果 a 大于等于 90，则在标签框中显示"优秀"
If a>b then                             ' 如果 a 的值大于 b 的值，则进行交换
    c=a
    a=b
    b=c
End If
```

也可以写成如下形式：

```
If a > b Then c = a : a = b : b = c
```

2. 双向选择 If … Then … Else 语句

"双向选择"语句是当条件表达式的值为真时，执行 Then 后面的语句，否则执行 Else 后面的语句。

其语句有块结构和行结构两种使用格式，语法格式如下：

```
If <表达式> Then
    <语句块 1>
Else
    <语句块 2>
End If
```

或者：

```
If <表达式> Then <语句块 1> Else <语句块 2>
```

 说明

当<表达式>的值为真（True 或非零值）时，执行 Then 后面的语句块 1，否则执行 Else 后面的语句块 2。例如：

```
If Course >= 60 Then
    TextBox1.Text= "及格"
```

```
Else
    TextBox1.Text="不及格"
End If
```

上述语句段也可以写作一行语句，形式如下：

```
If Course >= 60 Then TextBox1.Text= "及格" Else TextBox1.Text="不及格"
```

显然，这段程序的运行结果是在文本框中显示"及格"。

3．If … Then … ElseIf 语句

该语句为多分支结构语句，其语句语法格式如下：

```
If <表达式 1> Then
    <语句块 1>
ElseIf <表达式 2> Then
    <语句块 2>
    …
[Else
    <语句块 n+1>]
End If
```

说明

根据不同的<表达式>确定执行哪个语句块，其测试条件顺序从上至下，当遇到表达式值为真（True）时，则执行该条件表达式后面对应的语句块。

应该注意的是，不管有几个分支，程序执行了一个分支后，立即跳出该多分支结构，即使其后表达式条件为真，也不再执行其他分支。

【例 5-1】 判断下面的程序段结果。

```
Private Sub Button1_Click(ByVal sender As System.Object, _ByVal e As
System.EventArgs) Handles Button1.Click
    Dim data As Integer
    data = 10
    If data > 20 Then
        Label1.Text = "赋给变量 data 的值是一个大于 20 的数！"
    ElseIf data < 20 Then
        Label1.Text = "赋给变量 data 的值是一个小于 20 的数！"
    ElseIf data = 10 Then
        Label1.Text = "赋给变量 data 的值是 10！"
    End If
End Sub
```

分析：按程序运行中对条件表达式的测试顺序，首先满足条件表达式 data < 20，所以执行第二个条件表达式对应的语句，即在窗体上输出"赋给变量 data 的值是一个小于 20 的

数!"。程序运行结果如图 5-1 所示。

虽然后面的条件表达式 data = 10 也满足条件，但根据多分支条件语句执行的特点，不再执行后面的语句。

4. If …Then …If 语句

图 5-1 【例 5-1】程序运行结果

该语句为 If 的嵌套语句，可以形成多分支的条件语句结构，对条件表达式一直进行判断，与上边 ElseIf 条件判断不同。其语句语法格式为：

```
If <表达式 1> Then
    If <表达式 2> Then
        <语句块>
    End If
    ……
End If
```

5.2.2　多分支控制结构

多分支选择结构程序通过情况语句来实现。情况语句也称 Select Case 语句或 Case 语句。一般格式为：

```
Select Case <变量或表达式>
    Case <表达式列表 1>
        <语句块 1>
    [Case <表达式列表 2>
        <语句块 2>]
    ……
    [Case Else
        <语句块 n+1>]
End Select
```

功能：根据测试表达式的值，决定程序的流向。其中，<变量或表达式>通常使用一个变量或常量，可以是数值型或字符串表达式，Case 的<表达式列表>必须与<变量或表达式>的类型相同。当<变量或表达式>的值符合某 Case 的<表达式列表>条件，就执行下面的语句块，然后跳到 End Select，从 End Select 出口。

当有可选项 Case Else 时，所有 Case <变量或表达式>的值都不符合某个 Case 的<表达式列表>条件时，则执行 Case Else 后的 <语句块 n+1>。

【**例 5-2**】 对输入的学生成绩作判断，评定方式为：90～100 分为优秀，80～89 分为良好，70～79 分为一般，60～69 分为及格，少于 60 分为不及格。

在"评定"单击命令按钮事件中编写代码：

```
Private Sub Button1_Click(ByVal sender As System.Object, _
ByVal e As System.EventArgs) Handles Button1.Click
    Dim score As Integer
    '用输入对话框接收学生成绩
    score = Val(InputBox("请输入学生成绩", "评定等级"))
    Select Case score
        Case 90 To 100
```

```
            Label1.Text = "优秀"
        Case 80 To 89
            Label1.Text = "良"
        Case 70 To 79
            Label1.Text = "一般"
        Case 60 To 69
            Label1.Text = "及格"
        Case 0 To 59
            Label1.Text = "不及格"
        Case Else
            Label1.Text = "非法数据,请重新输入!"
    End Select
End Sub
```

程序中用到的 InputBox 输入对话框,请读者参见 5.4.1 节的相关内容。

5.2.3　IIf 函数

程序设计时,若需要将 If … Then … Else 语句判断后,所得到数值或字符串传回给等号左边的变量时,IIf 函数是最佳的选择。当然,若 IIf 函数内还有 IIf 函数就变成多重选择。其语法如下:

```
变量=IIf(<条件>,V1,V2)
```

若条件成立,则将 V1 传回给等号左边的变量;反之,则传回 V2。V1、V2 可以为数值、字符串或表达式。

5.3　设　计　过　程

5.3.1　创建项目

(1) 从 Windows 的"开始"菜单中,启动 Microsoft Visual Studio.NET。

(2) 在 Visual Basic.NET 集成开发环境(IDE)中,选择"文件"→"新建项目"菜单命令,打开"新建项目"对话框。

(3) 选择"Windows 应用程序",然后单击"确定"按钮。IDE 中将显示一个新的窗体,并且项目所需的文件也将添加到"解决方案资源管理器"窗口中。同时系统默认应用程序项目的名称为"Windows Application1"。

图 5-2　设计界面

5.3.2　创建用户界面

本例中,需要在窗体上建立 3 个标签 Label1～Label3、1 个文本框 TextBox1 和 1 个命令按钮 Button1。文本框 TextBox1 用于输入百分制成绩,标签 Label3 用于显示评定结果,命令按钮 Button1 用于实现评定功能,设计界面如图 5-2 所示。

本例所涉及的窗体及其各控件的属性值如表 5-1 所示。

表 5-1　窗体及其各控件的属性值

对　象	属　性	属　性　值
窗体	(名称)	Form1(系统默认)
	Text	学生成绩评定
按钮 1	(名称)	Button1
	Text	评定
标签 1(Label1)	Text	请输入百分制成绩:
标签 2(Label2)	Text	评定结果:
标签 3(Label3)	Text	Label3(系统默认值)
文本框 1	(名称)	TextBox1
	Text	(空值)

5.3.3　编写代码

本例中的所有代码都写在 Form1 类中。用两种方法来实现。

1. 方法一：If 语句

```
Private Sub Button1_Click(ByVal sender As System.Object,_ByVal e As System.
EventArgs) Handles Button1.Click
    Dim score As Integer
    score = Val(TextBox1.Text)
    If score >= 90 And score <= 100 Then
        Label3.Text = "优秀"
    ElseIf score >= 80 And score < 90 Then
        Label3.Text = "良好"
    ElseIf score >= 70 And score < 80 Then
        Label3.Text = "中等"
    ElseIf score >= 60 And score < 70 Then
        Label3.Text = "及格"
    ElseIf score < 60 And score >= 0 Then
        Label3.Text = "不及格"
    Else
        Label3.Text = "非法成绩，请重新输入！"
    End If
End Sub
```

2. 方法二：Select 语句

```
Private Sub Button1_Click(ByVal sender As System.Object,_ByVal e As System.
EventArgs) Handles Button1.Click
    Dim score As Integer
    score = Val(TextBox1.Text)
    Select Case score
        Case 90 To 100
            Label3.Text = "优秀"
```

```
        Case 80 To 89
            Label3.Text = "良好"
        Case 70 To 79
            Label3.Text = "中等"
        Case 60 To 69
            Label3.Text = "及格"
        Case 0 To 59
            Label3.Text = "不及格"
        Case Else
            Label3.Text = "非法成绩, 请重新输入！"
    End Select
End Sub
```

5.3.4 运行和测试程序

运行调试程序可以通过选择"调试"→"启动调试"菜单命令或按 F5 键，也可以通过单击"工具栏"中的"启动调试"按钮。如果程序没有错误，程序运行结果如图 5-3 所示。

图 5-3　程序运行结果

5.4　操　作　要　点

5.4.1　输入对话框

在有些操作中，有时需要在程序运行后，再给变量输入数据，Visual Basic.NET 提供了数据输入函数 InputBox，其语法格式为：

```
InputBox(prompt [,title][,default][,xpos,ypos][,helpfile,context])
```

功能：产生一个对话框，这个对话框作为输入数据的界面，等待用户输入数据，并返回所输入的内容。例如：

```
iOption1 = InputBox("请输入第一个操作数", "输入对话框","0")
```

将产生如图 5-4 所示的输入对话框。

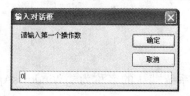

图 5-4　输入对话框

InputBox 函数有 5 个参数，除第一个参数是必选项外，其余参数都是可选项。InputBox 函数各参数的含义如表 5-2 所示。

表 5-2　InputBox 函数各参数的含义

参 数 名	含 　义
prompt	必选项。是一个字符串，其长度不得超过 1024 个字符，它是在对话框内显示的提示信息
title	可选项。是字符串，它是对话框的标题，显示在对话框顶部的标题区
default	可选项。用来显示输入缓冲区的默认信息。如果用户没有输入任何信息，则可用此默认字符串作为输入值
xpos,ypos	可选项。是两个整数值，分别用来确定对话框与屏幕左边的距离(xpos)和上边的距离(ypos)，它们的单位均为 twip。如果省略这一对参数，则对话框显示在屏幕中心线向下约三分之一处
helpfile,context	可选项。helpfile 是一个字符串变量或字符串表达式，用来表示帮助文件的名字。context 是一个数值变量或表达式，用来表示帮助主题的帮助目录号。当带有这两个参数时，将在对话框中出现一个"帮助"按钮，单击该按钮或按 F1 键时，可以得到相关帮助信息

在执行 InputBox 函数所产生的对话框中，有两个按钮：一个是"确定"按钮，另一个是"取消"按钮。在输入区输入数据后，若单击"确定"按钮或按 Enter 键，则表示确认，并返回在输入区中输入的数据。若单击"取消"按钮或按 Esc 键，则使当前输入的数据作废。

每执行一次 InputBox 函数只能输入一个值。InputBox 函数也可以写成 InputBox$的形式，这两种形式完全等价。

【例 5-3】　利用输入对话框输入一组数据，计算这组数据的平均值。程序设计界面如图 5-5 所示。

要求：

通过输入对话框接收这组数据的个数，再利用输入对话框将接收的数据用数组变量 score(i)进行存放。有关数组的内容参见任务 6。

输入的数据和结果将在文本框中显示出来。一组通过输入对话框输入 10 个数据的程序运行结果如图 5-6 所示。

图 5-5　程序设计界面

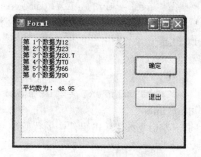

图 5-6　程序运行结果

设计步骤

（1）新建应用程序项目，系统默认的名称为"WindowsApplication1"。系统默认生成的第一个窗体名称为 Form1。

（2）设计窗体界面，添加一个文本框，两个命令按钮。

（3）设置对象属性，Form1 窗体及控件的属性设置如表 5-3 所示。

表 5-3　Form1 窗体及控件的属性设置

对　象	属　性	属　性　值
窗体	Text	Form1（系统默认）
	（名称）	Form1（系统默认）
命令按钮 1	Text	确定
	（名称）	Button1（系统默认）
命令按钮 2	Text	退出
	（名称）	Button2（系统默认）
文本框 1	Text	""
	MultiLine	True
	ScrollBars	Vertical
	（名称）	TextBox1（系统默认）

（4）代码编写。在"确定"命令按钮单击事件中的代码编写如下：

```
Private Sub Button1_Click(ByVal sender As System.Object, _
ByVal e As System.EventArgs) Handles Button1.Click
    Dim score()          ' 定义动态数组
    Dim i, n As Integer
    Dim avC, av As Double
        ' 弹出输入对话框，用于接收这组数据的个数，为n+1 个。
    n = InputBox("请输入这组数据的个数:", "数组个数")
ReDim score(0 To n)      ' 重新定义数组，确定大小，有 n+1 个元素。
    For i = 1 To n
        '弹出输入对话框，用于接收输入的数据，运行过程中的界面如图 5-4 所示。
    score(i) = InputBox("请输入第" & Str(i) & "个数据", "输入数组数据", 0)
    avC = avC + Val(score(i))                      ' 累加数据
        TextBox1.Text=TextBox1.Text+"第"&Str(i)&"一个数据为"&score(i) _
& vbCrLf
    Next i
    av = avC / n     ' 计算平均数
    TextBox1.Text = TextBox1.Text + vbCrLf + "平均数为：" + Str(av)
  End Sub
在"退出"命令按钮单击事件中的代码编写
Private Sub Button2_Click(ByVal sender As System.Object, _
ByVal e As System.EventArgs) Handles Button2.Click
```

```
        End
End Sub
```

5.4.2 操作小技巧

1. End 语句

独立的 End 语句用于结束一个程序的运行，它可以放在任何事件过程中。

2. 字符串与数值的转换

使用输入对话框获得的数据都是字符串类型，即输入对话框的返回值是 String，如果需要用返回值进行数值运算，为了避免出错，则应将字符串转换成数值，例如 strA 获得输入对话框的值，则将其转换为数值应使用的语句为：

```
a=Val(strA)
```

相反，如果需要将数值转换成字符串，则使用的语句为：

```
strA=Str(a)
```

5.5 实 训 项 目

【实训 5-1】 采用 If 分支结构完成随机数的产生。关于随机数的产生可参见 3.3.3 节。

实训要求

（1）在两个文本框中输入要产生的随机数的范围。

（2）单击"产生随机数"按钮，产生随机数。

（3）将产生的随机数在标签中显示。

程序的设计界面与运行界面分别如图 5-7 的（a）、（b）所示。

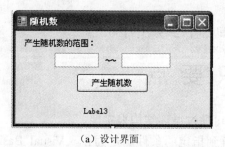

（a）设计界面　　　　　　　　　　　（b）运行界面

图 5-7　程序的设计界面与运行界面

任务 6

计算 100 以内
自然数的和

6.1 任 务 要 求

设计一个程序，计算 100 以内自然数的和，即 $S=1+2+3+\cdots+100$。

6.2 知 识 要 点

在指定的条件下多次重复执行同一组语句，可通过循环结构来实现。

循环语句产生一个重复执行的语句序列，直到指定的条件满足为止。Visual Basic.NET 提供了 3 种不同风格的循环结构，包括计数循环（For…Next 循环）、当循环（While…End 循环）和 Do 循环（Do…Loop 循环）。其中 For…Next 循环按规定的次数执行循环体，而 While 循环和 Do 循环则是在给定的条件满足时执行循环体。

6.2.1 For 循环控制结构

For 循环也称 For…Next 循环或计数循环。其一般格式如下：

```
For <循环变量> = <初值> To <终值> [Step <步长>]
    <循环体>
    [Exit For]
Next <循环变量>
```

功能：首先给循环变量赋初值，当循环变量的值在初值到终值范围内时，执行一次循环体中的语句块，然后执行 Next 语句（即使循环变量增加一个步长）。当循环变量的值不在初值到终值范围内时，则跳出循环，执行 Next 后面的语句。

循环次数：n=int（（终值-初值）/ 步长+1）

若遇到语句"Exit For"时，则退出循环，继续执行 Next 的下一条语句。

6.2.2　当循环控制结构

当循环控制结构的基本格式如下：

```
While <条件>
    <语句块>
    [Exit While]
End While
```

其中，<条件>为一个布尔表达式。

当循环语句的功能是：当给定的<条件>表达式的值为 True 时，执行循环中的<语句块>，可以通过 Exit While 语句跳出循环；当给定的<条件>表达式的值为 False 时，则不执行<语句块>，而执行 End While 后面的语句。

【例 6-1】 统计输入对话框中的数据，直到输入的数值为 0 时终止数据统计，并用消息框（消息框的使用参见 6.4.1 节）输出最后的统计结果。如想退出程序运行，则单击窗体上的"退出"按钮。

```
Private Sub Form1_Load(ByVal sender As System.Object, _
 ByVal e As System.EventArgs) Handles MyBase.Load
      Dim num1 As Integer
      Const num = 0
      Dim counter As Integer = 0
      num1 = InputBox("请输入整型数据")
      While num1 <> num
          counter = counter + num1
          num1 = InputBox("请输入整型数据")
      End While
      MsgBox("数据统计结果为：" & counter)
   End Sub
Private Sub Button1_Click(ByVal sender As System.Object, _
ByVal e As System.EventArgs) Handles Button1.Click
      End
End Sub
```

如果输入的数据为 34、78、13 和 0，则程序的运行结果如图 6-1 所示。

图 6-1【例 6-1】运行结果

6.2.3　Do 循环控制结构

Do 循环可以不按照限定的次数执行循环体内的语句块，可以根据循环条件的值是 True 或 False 决定是否结束循环。

Do 循环有两种形式。

形式一：

```
Do While | Until <循环条件>
    <语句块>
    [Exit do]
Loop
```

形式二：

```
Do
    <语句块>
    [Exit do]
Loop While | Until <循环条件>
```

形式一为先判断后执行，有可能一次也不执行；形式二为先执行后判断，至少执行一次。

当关键字使用 While 时，是当循环条件的值为真时，执行语句块；当循环条件的值为假时，跳出循环。当关键字使用 Until 时，是当循环条件的值为假时，执行语句块；当循环条件的值为真时，跳出循环。

【例 6-2】　利用 Do While|Until…Loop 语句判断 1～1000 中有多少个整数能被 3 整除，求这些数之和并将结果在窗体上的标签中输出，程序运行结果如图 6-2 所示。

```
Private Sub Button1_Click(ByVal sender As System.Object, _
ByVal e As System.EventArgs) Handles Button1.Click
    Dim i, c, add As Integer
    i = 1 : c = 0 : add = 0
    Do While i <= 1000          ' 或用  Do Until i > =1000 语句代替
        If i/3 = Int(i/3) Then  ' 判断能被整除的数，或用 i mod 3=0 来判断
            c = c + 1           ' 用变量 c 累加能被整除的这些数的个数
            add = add + i       ' 用变量 Add 累加能被整除的这些数的和
        End If
        i = i + 1
    Loop
    Label3.Text = c             ' 打印输出被整除的这些数的个数
    Label4.Text = add           ' 打印输出被整除的这些数的和
```

```
End Sub
```

【例 6-3】　利用 Do…Loop While| Until 语句完成程序要求：目前世界人口为 60 亿，如果以每年 1.2 ％的速度增长，多少年后世界人口将达到或超过 70 亿？

程序编写如下：

```
Private Sub Form1_Load(ByVal sender As Object, _
ByVal e As System.EventArgs) Handles Me.Load
    Dim p As Double = 6000000000.0
    Dim r As Single = 0.012
    Dim n As Integer
    n = 0
    Do
        p = p * (1 + r)
        n = n + 1
    Loop Until p >= 7000000000.0              ' 或用 Do While p<=7000000000.0
    MsgBox(Str(n) & "年后世界人口达" & Str(Int(p + 0.5)), , "")
End Sub
```

程序运行结果如图 6-3 所示。

图 6-2　【例 6-2】运行结果　　　　图 6-3　【例 6-3】运行结果

6.2.4　多重循环

使用循环嵌套时应注意：

（1）内循环变量与外循环变量不能同名。

（2）外循环必须完全包含内循环，不能交叉。

【例 6-4】　利用多重循环编写九九乘法表，通过即时窗口查看九九乘法表的样式如图 6-4 所示。

```
即时窗口
1×1=1
1×2=2  2×2=4
1×3=3  2×3=6  3×3=9
1×4=4  2×4=8  3×4=12  4×4=16
1×5=5  2×5=10  3×5=15  4×5=20  5×5=25
1×6=6  2×6=12  3×6=18  4×6=24  5×6=30  6×6=36
1×7=7  2×7=14  3×7=21  4×7=28  5×7=35  6×7=42  7×7=49
1×8=8  2×8=16  3×8=24  4×8=32  5×8=40  6×8=48  7×8=56  8×8=64
1×9=9  2×9=18  3×9=27  4×9=36  5×9=45  6×9=54  7×9=63  8×9=72  9×9=81
```

图 6-4　九九乘法表的样式

在窗体的 Load 事件过程中编写程序如下：

```
Private Sub Form1_Load(ByVal sender As Object, _
```

```
ByVal e As System.EventArgs) Handles Me.Load
    Dim i, j, M As Integer
    For i = 1 To 9
        For j = 1 To i
            M = i * j
            Debug.Write(j & "*" & i & "=" & M & "   ")
        Next j
        Debug.WriteLine("")                ' 打印输出一空行，起换行作用
    Next i
End Sub
```

6.3 设计过程

6.3.1 创建项目

（1）从 Windows 的"开始"菜单中，启动 Microsoft Visual Studio.NET。

（2）在 Visual Basic.NET 集成开发环境（IDE）中，选择"文件"→"新建项目"菜单命令，打开"新建项目"对话框。

（3）选择"Windows 应用程序"，然后单击"确定"按钮。IDE 中将显示一个新的窗体，并且项目所需的文件也将添加到"解决方案资源管理器"窗口中。同时系统默认应用程序项目的名称为"WindowsApplication1"。

6.3.2 创建用户界面

本例中，需要在窗体上建立 1 个标签 Label1 和 1 个按钮 Button1。标签用于显示计算结果，按钮用于实现 100 以内自然数的累加功能。

本例中窗体及其各控件的属性值如表 6-1 所示。

表 6-1　窗体及其各控件的属性值

对　象	属　性	属　性　值
窗体	（名称）	Form1（系统默认）
	Text	求和
按钮 1	（名称）	Button1
	Text	计算
标签 1（Label1）	Text	Label1（系统默认）

设计完的窗体界面如图 6-5 所示。

6.3.3 编写代码

本例中的所有代码都写在 Form1 类中。"计算"按钮的代码如下：

```
Private Sub Button1_Click(ByVal sender As System.Object, _
ByVal e As System.EventArgs) Handles Button1.Click
```

```
    Dim sum As Integer      '累加和
    Dim i As Integer        '计数
    sum = 0
    For i = 1 To 100
       sum = sum + i
    Next i
    Label1.Text = sum
End Sub
```

6.3.4 运行和测试程序

运行调试程序可以通过执行"调试"菜单，选择"启动调试"命令或按 F5 键，也可以单击"工具栏"中的"启动调试"按钮。如果程序没有错误，程序运行结果如图 6-6 所示。

图 6-5 设计完的窗体界面   图 6-6 程序运行结果

6.4 操作要点

6.4.1 消息框

在使用 Windows 时，如果用户操作有误，屏幕上会显示一个消息对话框，提示用户出错信息或让用户进行选择，根据选择系统会确定下一步的操作。在 Visual Basic.NET 程序设计中，可利用 MsgBox 函数来完成这一功能。

其语法格式如下：

```
MsgBox (prompt [,buttons][,title][,helpfile,context])
```

功能：在屏幕上显示一个消息对话框，根据用户单击不同的按钮作为函数的返回值以确定下一步的操作。

例如，执行下列程序将打开一个消息框，并根据用户单击不同的按钮，确定下一步的操作。

```
answer = MsgBox("请选择单击按钮", vbOKCancel + vbQuestion, "消息框")
' 产生一个消息框，如图 6-7 所示。
' 如果用户单击了"确定"按钮，则显示窗体 Form2
If answer = vbOK Then Form2.Show
' 如果用户单击了"取消"按钮，则退出子过程。
If answer = vbCancle Then Exit Sub
```

图 6-7　消息框

　　该函数有 5 个参数，除第一个参数为必选项外，其余参数都是可选项。MsgBox 函数各参数的含义如表 6-2 所示。

表 6-2　MsgBox 函数各参数的含义

参　数　名	含　　义
Prompt	必选项。该字符串表达式作为显示在对话框中的消息，它的最大长度为 1024 个字符。如果 prompt 的内容超过一行，当字符串在一行内显示不完时，将自动换行，也可以用 Chr$(13)+Chr$(10)或 vbCrlf 强制换行
Title	可选项。该字符串表达式作为标题显示在消息框的标题栏中。如果省略 title，则应用程序名被放到标题栏中作为消息框的标题
Bottons	可选项。是一个整数值或符号常量，用来控制在对话框内显示的按钮、图标的种类及数量、活动按钮的位置及强制返回。该参数的值由 4 类数值或符号常量相加产生，buttons 参数的取值和含义如表 6-3 所示
Helpfile, context	可选项。该字符串表达式用于识别帮助文件，用该文件为对话框提供上下文相关的帮助，如果已提供 helpfile，也必须提供 context

表 6-3　buttons 参数的取值和含义

取　值		符 号 常 量	含　　义
按钮	0	vbOkOnly	只显示"确定"按钮
	1	vbOkCancelvbAborRetryIgn	显示"确定"和"取消"按钮
	2	ore	显示"终止"、"重试"和"忽略"按钮
	3	vbYesNoCancel	显示"是"、"否"和"取消"按钮
	4	vbYesNo	显示"是"和"否"按钮
	5	vbRetyCancel	显示"重试"和"取消"按钮
图标	16	vbCritical	显示图标如图 6-8（a）所示
	32	vbQuestion	显示图标如图 6-8（b）所示
	48	vbExclamation	显示图标如图 6-8（c）所示
	64	vbInformation	显示图标如图 6-8（d）所示
默认按钮	0	vbDefaultButton1	指定第一个按钮为默认按钮
	256	vbDefaultButton2	指定第二个按钮为默认按钮
	512	vbDefaultButton3	指定第三个按钮为默认按钮
模式	0	vbApplicationModel	指定该消息框为应用模式
	4096	vbSystemModel	指定该消息框为系统模式

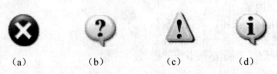

　　　（a）　　　　　（b）　　　　　（c）　　　　　（d）

图 6-8　显示图标

在 Visual Basic.NET 中还允许将 MsgBox 函数写成语句形式，其语法格式如下：

```
MsgBox prompt [,buttons][,title][,helpfile,context]
```

通常用于比较简单的信息提示。注意，MsgBox 语句没有返回值，格式中没有圆括号。

【例 6-5】 设计一个输入密码登录界面。程序运行时，要求用户在文本框中输入密码，然后单击"确定"按钮，如果用户输入正确的密码，则进入到下一个成功登录界面；如果用户输入错误的密码，则弹出消息框提示用户；当用户输入密码次数超过三次，则提示用户退出程序。假设密码为"123456"，用户登录界面如图 6-9 所示，成功登录用户界面如图 6-10 所示。

设计步骤

（1）新建应用程序项目，系统默认的名称为"WindowsApplication1"。系统默认生成的第一个窗体名称为 Form1。

（2）添加新窗体，可以通过选择"项目"→"添加 Windows 窗体"菜单命令，也可以通过右击"解决方案资源管理器"窗口，在弹出的快捷菜单中完成添加 Windows 窗体的任务。系统默认生成的第二个窗体名称为"Form2"。

（3）设计两个窗体界面，添加控件。在第一个窗体 Form1 中添加一个标签、一个文本框和一个命令按扭；在第二个窗体上添加一个标签和一个命令按钮。

图 6-9　用户登录界面

图 6-10　【例 6-5】成功登录用户界面

（4）设置对象属性，窗体及控件的属性设置如表 6-4 和表 6-5 所示。

表 6-4　Form1 窗体及控件的属性设置

对　象	属　性	属　性　值
窗体	Text	登录界面
	（名称）	Form1（系统默认）
标签	Text	请输入密码
	（名称）	Label1（系统默认）
命令按钮	Text	确定
	（名称）	Button1（系统默认）
文本框	Text	""
	PasswordChar	*
	（名称）	TextBox1（系统默认）

表6-5　Form2 窗体及控件的属性设置

对　象	属　性	属　性　值
窗体	Text	成功登录
	（名称）	Form2（系统默认）
标签	Text	欢迎您到来!
	（名称）	Label2（系统默认）
命令按钮	Text	退出
	（名称）	Button1（系统默认）

（5）编写事件代码。窗体 Form1 中的"确定"按钮的代码：

```
Private Sub Button1_Click(ByVal sender As System.Object, _
ByVal e As System.EventArgs) Handles Button1.Click
    Static i As Integer
    Dim p, answer1, answer2 As String
    If i < 2 Then                '控制用户输入错误密码的次数(i从开始)
        p = TextBox1.Text
        If p = "123456" Then     '如果输入密码正确，隐藏登录界面；显示第二个界面
            Me.Hide()
            Form2.Show()
        Else                     '如果输入密码错误，出现提示消息框
            answer1 = MsgBox("密码错误，重新输入！", vbOKOnly + _ vbQuestion,
"消息框")
            If answer1 = vbOK Then
                i = i + 1
                TextBox1.Text = ""
                TextBox1.Focus()
                Exit Sub
            End If
        End If
    Else
        answer2 = MsgBox("输入密码错误三次，确定退出！", _
vbOKOnly + vbExclamation, "消息框")
        End
    End If
End Sub
```

窗体 Form2 中的"退出"按钮的代码：

```
Private Sub Button1_Click(ByVal sender As System.Object, _
ByVal e As System.EventArgs) Handles Button1.Click
    End
End Sub
```

6.4.2　With 语句

语句语法格式如下：

```
With <对象>
    <语句块>
End With
```

功能：With 语句可以对某个对象执行一系列的语句，而不用重复指出对象的名称。例如，对标签框的一些属性值的设置。

```
With Label1
    .Text = "Welcome you to VB.NET!"
    .ForeColor = Color.Red
    .BackColor = Color.Blue
  End With
```

6.4.3　跳转结构

1. GoTo 语句

GoTo 语句语句形式如下：

```
Go To{标号|行号}
```

该语句的作用是无条件地转移到标号或行号指定的那行语句。

2. Exit 语句

在 Visual Basic.NET，还有多种形式的 Exit 语句，可以在 For 循环、While 循环和 Do 循环中使用，用于退出某种控制结构的执行，这种语句也称为出口语句。

出口语句有两种形式，一种为无条件形式，一种为条件形式，如表 6-6 所示。

表6-6　出口语句的两种形式

无条件形式	条件形式
Exit For	If 条件 Then Exit For
Exit While	If 条件 Then Exit While
Exit Do	If 条件 Then Exit Do

出口语句给编程人员提供了极大的方便，可以在循环体的任何地方设置一个或多个终止循环的条件，此外，出口语句标出了循环的出口点，这样就能大大地改善某些循环的可读性，并易于编写代码。

6.4.4　操作小技巧

Do…Loop 结构在判断条件满足时将不停地循环下去，有的时候，用户并不需要这种循环，此时可以在循环体内增加条件判断语句。

```
If condition Then Exit Do
```

这样就可以利用 Exit Do 语句来跳出循环，而转去执行 Loop 语句下面的语句。

6.5 实 训 项 目

【实训 6-1】 九九乘法表编程

1. 实训目的

（1）掌握循环结构的执行过程。

（2）区分 For 语句和 Do 语句的作用，能够正确选用两种语句。

2. 实训要求

利用 For...Next 循环编写九九乘法表。程序运行后，单击窗体通过即时窗口查看九九乘法表的样式如图 6-11 所示。

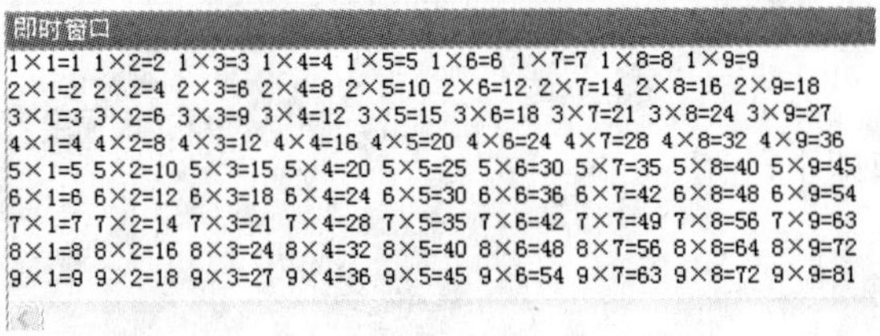

即时窗口
1×1=1 1×2=2 1×3=3 1×4=4 1×5=5 1×6=6 1×7=7 1×8=8 1×9=9
2×1=2 2×2=4 2×3=6 2×4=8 2×5=10 2×6=12 2×7=14 2×8=16 2×9=18
3×1=3 3×2=6 3×3=9 3×4=12 3×5=15 3×6=18 3×7=21 3×8=24 3×9=27
4×1=4 4×2=8 4×3=12 4×4=16 4×5=20 4×6=24 4×7=28 4×8=32 4×9=36
5×1=5 5×2=10 5×3=15 5×4=20 5×5=25 5×6=30 5×7=35 5×8=40 5×9=45
6×1=6 6×2=12 6×3=18 6×4=24 6×5=30 6×6=36 6×7=42 6×8=48 6×9=54
7×1=7 7×2=14 7×3=21 7×4=28 7×5=35 7×6=42 7×7=49 7×8=56 7×9=63
8×1=8 8×2=16 8×3=24 8×4=32 8×5=40 8×6=48 8×7=56 8×8=64 8×9=72
9×1=9 9×2=18 9×3=27 9×4=36 9×5=45 9×6=54 9×7=63 9×8=72 9×9=81

图 6-11 九九乘法表的样式

【实训 6-2】 判断某一正整数是否为素数

1. 实训目的

（1）理解程序的分支结构，清楚每一种分支结构的执行过程。

（2）掌握循环结构的编程方法。

2. 实训要求

（1）单击窗体上的“判断”按钮后弹出输入对话框，要求输入正整数。

（2）判断结果用消息框给出。

（3）可以多次对正整数进行判断。

（4）单击窗体上的“退出”按钮结束程序运行。

用户界面如图 6-12 所示。

Form1
判断
退出

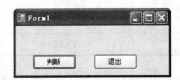

图 6-12 用户界面

对某一个整数的判断过程和结果如图 6-13 所示。

WindowsApplication1
请输入一个正整数(n>=3)
确定
取消
7
7不是一个素数
确定

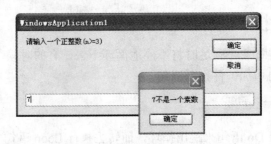

图 6-13 对某一个整数的判断过程和结果

【**实训 6-3**】　消息框的使用

1．实训目的

熟练掌握 MsgBox 函数的使用方法。

2．实训要求

设计一个程序，界面上有三个按钮，界面设计如图 6-14 所示。单击不同的按钮弹出不同样式的消息框，分别如图 6-15、图 6-16、图 6-17 所示。

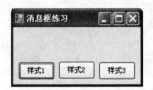

图 6-14　界面设计

图 6-15　单击"样式 1"按钮弹出的消息框

图 6-16　单击"样式 2"按钮弹出的消息框

图 6-17　单击"样式 3"按钮弹出的消息框

任务 7

设计一个调查表

7.1 任 务 要 求

设计一个学生最喜欢的课程和教师的调查表程序，如果用户分别选定学生姓名、课程和教师姓名三个分组框中的选项时，单击"选择"按钮，会在窗体下面分别显示用户已选定的内容；单击"结束"按钮，则结束整个程序。

7.2 知 识 要 点

7.2.1 复选框和单选按钮

在应用程序中，有时候需要用户做出选择，这些选择有的很简单，有的则比较复杂。为此，Visual Basic.NET 提供了几个用于选择的标准控件，包括复选框、单选按钮、列表框和组合框。这一节介绍复选框和单选按钮。

在应用程序中，复选框和单选按钮用来表示状态，可以在运行期间改变其状态。复选框用"√"表示被选中，可以同时选择多个复选框。相反，在一组单选按钮中，只能选择其中的一个，当打开某个单选按钮时，其他单选按钮都处于关闭状态，这与收（录）音机上按钮的作用类似，因此也称收（录）音机按钮（RadioButton）。

复选框和单选按钮的默认名称分别为 CheckBox1、CheckBox2、CheckBox3、…和 RadioButton1、RadioButton2，RadioButton3…。

复选框和单选按钮的属性与事件

以前介绍的大多数属性都可用于复选框和单选按钮，包括：Enabled、Font、Size（Height，Width）、Locaion（X，Y）、Name、Text、Visible 等。和按钮一样，对复选框和单选按钮可以使用 Image、ImageAlign 和 TextAlign 属性。此外，还可以使用下列属性：

（1）CheckedState 属性（用于复选框）。CheckedState 属性用来表示复选框的状态，可以取 3 种值。CheckedState 属性取值及含义如表 7-1 所示。

表 7-1　CheckedState 属性取值及含义

取　值	含　义
Unchecked	表示没有选择该复选框（默认）
Checked	表示选中该复选框
Indeterminate	表示该复选框被禁止（灰色）

（2）Checked 属性（用于复选框和单选按钮）。该属性用来表示复选框或单选按钮的当前状态，可以取 True 或 False 两种值。当复选框被选中时，该属性值为 True，在复选框中有一个"√"，如果未被选中，则该属性为 False，复选框是空的；而如果一个单选按钮被选中，则该属性为 True，该单选按钮是"打开"的，按钮的中心有一个圆点；如果未被选中，则该属性为 False，该单选按钮是"关闭"的，按纽是一个圆圈。

（3）Appearance 属性（用于复选框和单选按钮）。该属性用来设置复选框或单选按钮控件的外观，可以取 2 种值。Appearance 属性取值及含义如表 7-2 所示。

表 7-2　Appearance 属性取值及含义

取　值	含　义
Normal	常规外观
Button	按钮式外观

（4）FlatStyle 属性（用于复选框和单选按钮）。该属性用来指定复选框或单选按钮的显示方式，以改善视觉效果。其功能和用法与按钮类似。

复选框和单选按钮都可以接收 Click 事件，但通常不对复选框和单选按钮的 Click 事件进行处理。当单击复选框或单选按钮时，将自动变换其状态，一般不需要编写 Click 事件过程。

7.2.2　分组框控件

分组框（GroupBox）是一个容器控件，用于将界面上的对象分组。可以把不同的对象放在一个分组框中，分组框提供了视觉上的区分和总体的激活／屏蔽特性。其默认名称和标题为 GroupBox1、GroupBox2、GroupBox3…。

分组框的属性包括：Enabled、Font、Height、Left、Top、Visible、Width。此外，Name 属性用于在程序代码中标识一个分组框，而 Text 属性定义了分组框的可见文字部分。

对于分组框来说，通常把 Enabled 属性设置为 True，这样才能保证分组框内的对象是"活动"的。如果把分组框的 Enabled 属性设置为 False，则其标题会变灰，分组框中的所有对象，包括文本框、按钮及其他对象，均被锁定。

使用分组框的主要目的，是为了对控件进行分组，即把指定的控件放到分组框中。为此，必须先画出分组框，然后在分组框内画出需要成为一组的控件，这样才能使分组框内的控件成为一个整体，和分组框一起移动。如果在分组框外画一个控件，然后把它拖到分组框内，则该控件不是分组框的一部分，当移动分组框时，该控件不会移动。

有时候，可能需要对窗体上（不是分组框内）已有的控件进行分组，并把它们放到一个分组框中，可按如下步骤操作：

（1）选择需要分组的控件。

（2）选择"编辑"菜单中的"剪切"命令（或按 Ctrl+X 组合键），把选择的控件放入剪贴板。

（3）在窗体上画一个分组框控件，并保持它为活动状态。

（4）选择"编辑"菜单中的"粘贴"命令（或按 Ctrl+V 组合键）。

经过以上操作，即可把所选择的控件放入分组框，作为一个整体移动或删除。

不能像拖动一般控件那样拖动分组框控件。为了拖动一个分组框控件，必须先把它激活，然后把鼠标光标移到边框上，鼠标光标变为十字箭头，此时即可按住鼠标左键将其拖动。至于分组框内的控件，则可以像选择一般控件那样进行选择。

分组框常用的事件是 Click 和 DblClick，它不接受用户输入，不能显示文本和图形，也不能与图形相连。

当窗体上有多个单选按钮时，如果选择其中的一个，则其他单选按钮自动关闭。但是，当需要在同一个窗体上建立几组相互独立的单选按钮时，则必须通过分组框为单选按钮分组，使得在一个分组框内的单选按钮为一组。每个分组框内的单选按钮的操作不影响其他组的按钮。

7.2.3　数组的概念

1．数组元素

在 Visual Basic.NET 中，把一组具有同一名字、不同下标的下标变量称为数组，这些下标变量称为这个数组的元素。

例如：一数组名为 A，共有 10 个元素 A(0)～A(9)，可以为每个元素赋值，如 A(0)=23，A(3)=8 等。

所以说，数组是用一个名称表示的、逻辑上相关的一组变量。这些变量称为数组元素，用数字下标来区分它们，因此数组元素又称为下标变量。下标变量必须用圆括号括起来。

在实际的编程中经常用到数组。数组的应用有助于代码的精炼和简洁，因为可以使用下标设置循环来高效地处理任何数目的数组元素。

2．数组维数

数组可以是一维也可以是多维数组。"维数"或"秩"对应于用来识别每个数组元素的下标个数。Visual Basic.NET 维数可以多达 32 维，一般三维数组以上就很少用了。

所有的数组都是由 System 命名空间的 Array 类继承而来，且可以在任何数组上访问 System.Array 的方法和属性。例如，Rank 属性将返回数组的秩，Sort 方法将对数组元素进行排序。

 注意

　　当增加一个数组的维数时，多维数组所需的存储空间会急剧增大。

3. 数组大小

　　在数组的每一维中，数组元素按下标 0 到该维最高下标值连续排列。每一维的长度可以通过 GetLength 方法来得到。Visual Basic.NET 规定每一维的最小下标值始终是 0，最大下标值是由该维的 GetUpperBound 方法返回的。传递给 GetLength 的参数是从零开始计数的。

　　可以通过数组的 Length 属性来获取数组（可含多个秩）的总体大小。这表示该数组中当前包含的元素总数，而不是所占存储空间的字节数。例如，下面的语句声明了一个 5 行 10 列的二维数组。

```
Dim Rectangle(4,9)As Single
```

　　多维数组的元素总个数是所有维数大小的乘积。在上面的示例中，元素个数，即 Rectangle.Length 为 50，而 GetUpperBound(0)为 4。

　　在 Visual Basic.NET 中，数组没有固定大小。数组在创建以后仍可以改变大小。ReDim 语句可以更改数组每一维的长度，但维数必须是固定的。

4. 数组对象

　　在 Visual Basic.NET 中，数组是对象，因此每种数组元素都是一个单独的引用类型。这意味着数组变量中含有指向数据的指针，这些数据包含元素、秩和长度信息。因此，在将一个数组变量赋值给另一个数组变量时，只有指针进行了复制，并且两个数组变量只有在具有相同的秩和元素数据类型时，才能看成是同一数据类型的数组变量。

5. 数组元素类型

　　数组声明指定一个数据类型，数组的所有元素必须都是该类型数据。如果数据类型是 Object，则单个数组元素可以包含各种类型的数据（如对象、字符串、数字等）。可将数组声明为任何基本数据类型、结构或者对象类的数组。

　　可以声明数组用来处理一组具有相同数据类型的值。一个数组就是一个包含许多单元（用于存储值）的变量，而标量类型的变量（不是数组）只有一个存储单元，只能存放单个值。当要引用数组所包含的所有值时，可以将数组作为一个整体来引用；也可以一次引用一个单独的数组元素。

　　如果数组的类型是 Object，则可以在数组中混合使用各种数据类型。例如：

```
Dim ObData(4, 9) As Object, intX As Integer, strA As String
ObData (0, 0) = 98
ObData (0, 1) = " VB.NET "
strA = Rectangle(0, 1)
intX = Rectangle(0, 0)
```

7.2.4 数组的声明

数组必须先声明后使用。声明数组的目的就是通知计算机为数组留出一块内存区域，这个区域的名称就是数组名，区域的每个单元都有自己的地址，用下标表示。数组变量的声明可以使用 Dim、Static、Public 语句，也可以使用 Protected、Private 或 Friend 语句。只是在变量名后加上一对或几对圆括号，表示它是数组而不是单个值的变量。

1. 一维数组声明

一维数组定义的语法格式为：

```
Dim|Static|Public|Private 数组名（下标上限） [As 数据类型]
```

其中：

Dim——在模块级别使用时，声明模块级数组；在过程级别使用时，声明过程级数组。

Static——在过程级别中使用，声明过程级的局部静态数组。

Public——在模块级别中使用，声明全局数组。

Private——在模块级别中使用，声明模块级数组。

数组名——其必须符合标识符的命名规则。

下标上限——其时数组元素的个数减 1。

数据类型——可以是 Short、Integer、Long、Single、Double、Decimal、String 等基本数据类型或用户定义的类型，也可以是 object 类型，如果省略"As 数据类型"，则定义的数组为 Object 类型。

声明一维数组变量时，在声明数组变量名后添加一对圆括号，例如：

```
Dim Month(11) As Integer
Dim Month() As Integer = New Integer(11) {}
```

这两个声明是等效的。每个声明都指定一个初始大小，可以在执行期间通过 ReDim 语句更改这个大小。尽管可在 Visual Basic.NET 中更改数组的大小，但维数必须是固定的。

📖 注意

在 VB 6.0 中，数组的每一维度的默认下限都是 0，并可以通过 Option Base 语句将其改为指定值，但在 Visual Basic.NET 中，每一个数组下标的下限都是 0，但不再支持 Option Base 语句。若想知道一个已知数组的上限，可以通过 Ubound 函数来测试，其语法格式为：
Ubound(数组名，维)

该函数返回一个数组中指定维的上限值，对于一维数组而言，参数"维"可以省略，但对于多维数组而言，则不能省略。例如：

```
Dim B (15,40)
```

定义了一个二维数组，用下面的语句可以得到该数组各个维的上限值：

```
Debug.WriteLine(Ubound(B,1))
Debug.WriteLine(Ubound(B,2))
```

执行上面的语句后，在"输出"窗口中输出：

```
15
40
```

2．二维数组的声明

二维数组定义的语法格式为：

```
Dim|Static|Public|Private 数组名（下标上限1，下标上限2）[As 数据类型]
```

其中：

下标上限 1，下标上限 2——是二维数组两个维的下标上限值。

其他参数用法与一维数组完全相同。

注意

　　二维数组在内存中的排列顺序是"按行存放"。即在内存中先顺序存放第一行的元素，再存放第二行的元素。

3．多维数组的声明

多维数组定义的语法格式为：

```
Dim|Static|Public|Private 数组名（下标上限 1，下标上限 2，下标上限 3…）[As 数据类型]
```

声明多维数组变量时，在数组变量名后添加一对圆括号并将逗号置于圆括号中以分隔维数，如下例所示：

```
Dim My3DArray(,,) As Short   ' 三维数组变量
```

7.2.5　动态数组声明

　　定义数组后，为了使用数组，必须为数组开辟所需要的内存区。根据内存区开辟时机的不同，可以把数组分为静态（Static）数组和动态（Dynamic）数组。通常把需要在编译时开辟内存区的数组叫做静态数组，而把需要运行时开辟内存区的数组叫做动态数组。当程序没有运行时，动态数组不占据内存，因此可以把这部分内存用于其他操作。

　　静态数组和动态数组由其定义方式决定，即：用数值常数或符号常量作为下标定维的数组是静态数组，用变量作为下标定维的数组是动态数组。

1．动态数组的声明

　　静态数组的定义比较简单，在前面的例子中，使用的都是静态数组。下面主要介绍动态数组的定义。

　　动态数组以变量作为下标值，在程序执行过程中完成定义，通常分为两步：首先用 Dim 或 Public 声明一个没有下标的数组（括号不能省略），然后在过程中用 ReDim 语句定义带下标的数组。例如：

```
Dim TestVar()  As Integer
Dim S As Integer
Private Sub Button1.Click(ByValsenderAsSystem.Object,
ByValeAs system.EvenArgs)Handles Button1.Click
……
    S=InputBox("Enter a value: ","Data","12")
    ReDim TestVar(s)
        ……
End Sub
```

该例先在窗体层用 Dim 语句声明了一个空数组 TestVar 和一个变量 S，然后在按钮事件过程中用 ReDim 语句定义该数组，下标 S 在运行时输入。

ReDim 语句的一般格式为：

```
ReDim[Preserve]变量（下标）
```

该语句用来重新定义动态数组，按定义的上界重新分配存储单元。当重新分配动态数组时，数组中的内容将被清除，但如果在 ReDim 语句中使用了 Preserve 选择项，则不清除数组内容。在 ReDim 语句中可以定义多个动态数组，但每个数组必须事先用 "Dim Variable()"（一维数组）或 "Dim Variable(,)"（二维数组）这种形式进行声明，在括号中省略上界，在用 ReDim 语句重新定义时指定数组下标的上界。例如：

```
Dim StuName(),Address(),City()  As  String
……
ReDim StuName(sn), Address(Addr),City(ct)
```

ReDim 只能出现在事件过程或通用过程中。用它定义的数组是一个"临时"数组，即在执行数组所在的过程时为数组开辟一定的内存空间，当过程结束时，这部分内存即被释放。对动态数组的具体说明如下：

（1）动态数组分两次定义，第一次用 Dim、Public、Private 等语句定义，只有类型，不指定维数；第二次在 ReDim 语句定义，给出具体的维数和上界。对于一维数组来说，第一次定义时，数组名的后面带有一对圆括号，如 temp()；而对二维数组来说，第一次定义时，数组名后面的圆括号中有一个逗号，如 temp(,)；类似地，对于三维数组来说，第一次定义时，数组名后面的圆括号中有两个逗号，如 temp(,,)。

（2）可以多次用 ReDim 语句定义同一个数组，随时修改数组中元素的个数，例如：

```
Private  Sub  Button1.Click(ByVal  sender  As  System.Object,  _ByVal  e  As
system.EvenArgs)Handles Button1.Click
    Dim temp() As String
    ReDim temp(4)
    temp(2)= "Microsoft"
    MsgBox(temp(2))
    ReDim temp(6)
    temp(5)= "Visual Basic.NET"
    MsgBox(temp(5))
End Sub
```

在事件过程中，开始时用 ReDim 定义的数组 Temp 有 5 个元素，然后再一次用 ReDim

把 temp 数组定义为 7 个元素。但是应注意，只能改变元素的个数，不能改变数组的维数。例如：

```
    Private Sub Button1.Click(ByVal sender As System.Object, _ByVal e As
system.EvenArgs)Handles Button1.Click
    Dim temp() As String
    ReDim temp(4)
    temp(2)= "Microsoft"
    MsgBox(temp(2))
    ReDim temp(2, 3)
    temp(2,1)= "Visual Basic.NET"
    MsgBox(temp(2,1))
End Sub
```

是错误的。此外，也不能用 ReDim 改变数组类型，下面的程序也是错误的。

```
    Private Sub Button1.Click(ByVal sender As System.Object, _ByVale As
system.EvenArgs)Handles Button1.Click
    ReDim temp(4)
    temp(2)= "Microsoft"
    MsgBox(temp(2))
    ReDim temp(6) As Integer
    Temp(5)=200
    MsgBox(temp(5))
End Sub
```

实际上，由于不能用 ReDim 语句直接定义数组，上面程序中的语句：

```
ReDim temp(6) As Integer
```

在输入代码时就会出错。

（3）在用 ReDim 重新定义动态数组时，可以使用可选的 Preserve 关键字。如果不使用该关键字，则原来数组中的数据将被清除，如果使用了该关键字，则原来数组中的数据将被传送到新建立的数组中。

2．数组的清除和重定义

数组一经定义，便在内存中分配了相应的存储空间，其大小是不能改变的。也就是说，在一个程序中，同一个数组只能定义一次。有时候，可能需要清除数组的内容或对数组重新定义，这可以用 Erase 语句来实现，其格式为：

```
Erase  <数组名>, <数组名>
```

Erase 语句用来重新初始化静态数组的元素，或者释放动态数组的存储空间，它只能出现在过程中。注意，在 Erase 语句中，只给出要刷新的数组名，不带括号和下标。例如：

```
Erase Test
```

对数组清队和重定义的具体说明如下。

（1）当把 Erase 语句用于静态数组时，如果这个数组是数值数组，则把数组中的所有元素置为 0，如果是字符串数组，则把所有元素置为空字符串；如果是结构数组，则根据每个元素（包括定长字符串）的类型重新进行设置。Erase 语句对静态数组的影响如表 7-3 所示。

表 7-3　Erase 语句对静态数组的影响

数 组 类 型	Erase 对数组元素的影响
数值数组	将每个元素设为 0
字符串数组（变长）	将每个元素设为零长度字符串（""）
Object 数组	将每个元素设为 Empty
结构数组	将每个元素作为单独的变量来设置
对象数组	将每个元素设为 Nothing

（2）当把 Erase 语句用于动态数组时，将删除整个数组结构并释放该数组所占用的存储空间。也就是说，动态数组经 Erase 后即不复存在；而静态数组经 Erase 后仍然存在，只是其内容被清空。

（3）Erase 释放动态数组所使用的内存。在下次引用该动态数组之前，必须用 ReDim 语句重新定义该数组。

7.2.6　结构

结构是一种较为复杂但非常灵活的复合数据类型，一个结构类型可以由若干个称为成员（或域）的成分组成。

1．结构类型与结构变量的定义

（1）声明结构类型。声明结构类型的一般格式如下：

```
[{Public | Friend | Private | Dim}] Structure  <结构名>
    变量声明
    [过程声明]
End Structure
```

例如，声明一个结构名为 Book 的结构，其变量包含名称、作者等。

```
Public Structure Book
    name As String
    author As String
    price As Single
    publisher As String
End Structure
```

（2）声明结构类型变量。格式如下：

```
{Dim | Public | Private} <变量名表列> As <结构名>
```

例如，声明变量 bookMessage 为 Book 类型。

```
Dim bookMessage As Book
```

（3）结构的嵌套。

```
public structure telephone
```

```
        public area as short
        public tel as integer
        public ext as short
    End structure
private structure mail_embed
        Public num As Short
        Public name As String
        Public title As String
        Public addr As String
        Public zip As Integer
        Public phone  As telphone
    End Structure
```

2. 结构变量的初使化及其引用

（1）结构变量的初始化。只能用赋值语句对结构各个成员分别赋值。

例如，给 Book 类型的变量 bookMessage 的成员赋值

```
bookMessage.name = " VB.NET 程序设计实用教程"
bookMessage.author = "王丽"
bookMessage.price = 28.8
bookMessage.publisher = "中国电力出版社"
```

（2）结构变量的引用及操作。

① 成员引用。一般形式为：

```
结构变量.成员名
```

② 嵌套引用。在嵌套结构中，一个结构的成员本身又是一个结构类型，则在引用时需要使用多个成员运算符，按上述规则一级一级地找到最低一级的成员，最后对最低级的成员进行访问。

③ 成员变量的运算。结构成员变量根据其类型可以象普通变量一样进行各种运算和输入输出。

④ 整体赋值。Visual Basic.NET 允许将一个结构变量作为一个整体赋值给另一个结构变量 。

【例 7-1】 编程记录和统计学生王小明的学习成绩。记录项包括学号（num）、姓名（name）、性别（sex）、年龄（age）、住址（address）和学习成绩（mark）。设王小明所学的 5 门课程的成绩分别为 95、90、86、78、90 分。

在代码窗口的 Form1 类中编写如下代码：

```
Private Structure student
        Public num As String
        Public name As String
        Public sex As String
        Public age As Integer
        Public address As String
        Public mark As Short
End Structure
Private Sub Form1_Load(ByVal sender As System.Object, ByVal e As System.
EventArgs) Handles MyBase.Load
        Dim lessons() As Single = {95, 90, 86, 78, 90}
```

```
    Dim average As Single
    Dim i As Short
    Dim sum As Single = 0
    Dim person As student
    person.num = "200301"
    person.name = "王小明"
    person.sex = "男"
    person.age = 20
    person.address = "沈阳市黄河北大街"
    For i = 0 To 4
        sum = sum + lessons(i)
    Next
    average = sum / 5
    Debug.WriteLine(person.name &",学号" & Str(person.num) & ",家住" & _
    person.address &",五门课总分"& Str(sum) &"分,平均"& Str(average)&"分")
End Sub
```

程序运行后，在即时窗口显示结果，运行界面如图7-1所示。

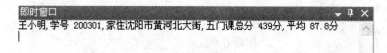

图 7-1　运行界面

7.2.7　结构数组

定义结构数组的一般格式为：

Dim 数组名(上界) As 结构名

一个结构数组元素相当于一个结构变量，因此，前面介绍的关于结构变量的引用规则，同样适用于结构数组元素。而数组元素之间的关系和引用规则与以前介绍过的数值数组的规定相同。

引用某一结构数组元素的成员，用以下形式：

结构数组名(下标).成员名

【例 7-2】　编程实现会员通信录的数据登录和显示输出操作。
在 Form1 类中编写代码如下：

```
Const MAX_MEM = 2
    Private Structure mail
      Public num As Short
      Public name As String
      Public title As String
      Public addr As String
      Public zip As Integer
      Public tel As String
    End Structure
```

```
    Dim list(MAX_MEM) As mail
Private Sub Form1_Load(ByVal sender As System.Object, _
ByVal e As System.EventArgs) Handles MyBase.Load
    Dim i As Short
            '从键盘上一次录入每个会员的各数据项的数据
    For i = 0 To MAX_MEM
        list(i).num = InputBox("请输入编号")
        list(i).name = InputBox("请输入姓名")
        list(i).title = InputBox("请输入职称")
        list(i).addr = InputBox("请输入地址")
        list(i).zip = InputBox("请输入邮编")
        list(i).tel = InputBox("请输入电话号码")
    Next i
'输出数据
    Debug.WriteLine("")
Debug.Write("=================================================")
    Debug.WriteLine("===============")
    Debug.Write("编号      姓名        职称        地址")
    Debug.WriteLine("      邮政编码        电话号码")
    '依次显示已登录的数据元素的各成员值
    Dim spa As String = "    "
    For i = 0 To MAX_MEM
    Debug.Write("=================================================")
        Debug.WriteLine("===============")
        Debug.Write(" " & list(i).num & spa & list(i).name)
        Debug.Write(spa & list(i).title & spa & list(i).addr)
        Debug.WriteLine("    " & list(i).zip & spa & "    " & list(i).tel)
    Next
    Debug.Write("=================================================")
    Debug.WriteLine("===============")
End Sub
```

程序运行结果如图 7-2 所示。

图 7-2 【例 7-2】程序运行结果

7.3 设 计 过 程

7.3.1 创建项目

（1）从 Windows 的"开始"菜单中，启动 Microsoft Visual Studio.NET。

（2）在 Visual Basic.NET 集成开发环境（IDE）中，选择"文件"→"新建项目"菜单命令，打开"新建项目"对话框。

（3）选择"Windows 应用程序"，然后单击"确定"按钮。IDE 中将显示一个新的窗体，并且项目所需的文件也将添加到"解决方案资源管理器"窗口中。同时系统默认应用程序项目的名称为"WindowsApplication1"。

7.3.2　创建用户界面

本例中，需要在窗体上建立 5 个标签 Label1～Label5、7 个单选按钮 RadioButton1～RadioButton7、4 个复选框 CheckBox1～CheckBox4 和两个命令按钮 Button1、Button2。7 个单选按钮用于提供选择的学生和教师的姓名，4 个复选框用于提供选择的课程，Label3～Label5 用于显示选择结果。

本例中，除 Form1 和 Label1 外，所有对象的 FontSize 属性值都设置为 11，窗体及其上各控件的属性值如表 7-4 所示。

表 7-4　窗体及其上各控件的属性值

对　象	属　性	属　性　值
窗体	（名称）	Form1（系统默认）
	Text	调查表
按钮 1	（名称）	Button1
	Text	选择
按钮 2	（名称）	Button2
	Text	结束
标签 1	（名称）	Label1
	Text	学生最喜欢的课程和教师
	FontName	隶书
标签 2	（名称）	Label2
	Text	选择结果：
	FontBold	True
标签 3	（名称）	Label3
	Text	Label3（默认值）
标签 4	（名称）	Label4
	Text	Label4（默认值）
标签 5	（名称）	Label5
	Text	Label5（默认值）
分组框 1	（名称）	GroupBox1
	Text	学生姓名
分组框 2	（名称）	GroupBox2
	Text	课程
分组框 3	（名称）	GroupBox3
	Text	教师姓名
单选按钮 1	（名称）	RadioButton1
	Text	张晓

续表

对　象	属　性	属　性　值
单选按钮 2	（名称）	RadioButton2
	Text	高红
单选按钮 3	（名称）	RadioButton3
	Text	王小钢
单选按钮 4	（名称）	RadioButton4
	Text	李若
单选按钮 5	（名称）	RadioButton5
	Text	赵一凡
单选按钮 6	（名称）	RadioButton6
	Text	马丽
单选按钮 7	（名称）	RadioButton7
	Text	王丹
复选框 1	（名称）	CheckBox1
	Text	Visual Basic.NET 程序设计
复选框 2	（名称）	CheckBox2
	Text	计算机网络基础
复选框 3	（名称）	CheckBox3
	Text	数据库原理
复选框 4	（名称）	CheckBox4
	Text	计算机英语

设计完的窗体界面如图 7-3 所示。

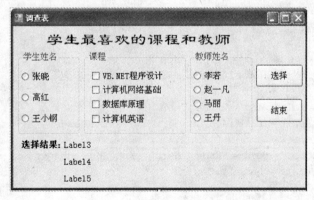

图 7-3 设计完的窗体界面

7.3.3 编写代码

本例中的所有代码都写在 Form1 类中。

1. "选择"按钮

```
Private Sub Button1_Click(ByVal sender As System.Object,_ByVal e As System.
EventArgs) Handles Button1.Click
```

```
Dim arrStu(2) As String '定义学生数组
Dim arrClass(3) As String '定义课程数组
Dim arrTeacher(3) As String '定义教师数组
'给学生数组赋值
arrStu(0) = RadioButton1.Text
arrStu(1) = RadioButton2.Text
arrStu(2) = RadioButton3.Text
'给课程数组赋值
arrClass(0) = CheckBox1.Text
arrClass(1) = CheckBox2.Text
arrClass(2) = CheckBox3.Text
arrClass(3) = CheckBox4.Text
'给教师数组赋值
arrTeacher(0) = RadioButton4.Text
arrTeacher(1) = RadioButton5.Text
arrTeacher(2) = RadioButton6.Text
arrTeacher(3) = RadioButton7.Text
'选择学生
If RadioButton1.Checked = True Then
    Label3.Text = arrStu(0)
ElseIf RadioButton2.Checked = True Then
    Label3.Text = arrStu(1)
ElseIf RadioButton3.Checked = True Then
    Label3.Text = arrStu(2)
Else
    Label3.Text = ""
End If
'选择课程
Label4.Text = ""
If CheckBox1.Checked = True Then
    Label4.Text = arrClass(0)
End If
If CheckBox2.Checked = True Then
    Label4.Text = Label4.Text + " " + arrClass(1)
End If
If CheckBox3.Checked = True Then
    Label4.Text = Label4.Text + " " + arrClass(2)
End If
If CheckBox4.Checked = True Then
    Label4.Text = Label4.Text + " " + arrClass(3)
End If
'选择教师
If RadioButton4.Checked = True Then
    Label5.Text = arrTeacher(0) + "老师"
ElseIf RadioButton5.Checked = True Then
    Label5.Text = arrTeacher(1) + "老师"
ElseIf RadioButton6.Checked = True Then
    Label5.Text = arrTeacher(2) + "老师"
ElseIf RadioButton7.Checked = True Then
    Label5.Text = arrTeacher(3) + "老师"
Else
    Label5.Text = ""
```

```
        End If
    End Sub
```

2. "结束" 按钮

```
Private Sub Button2_Click(ByVal sender As System.Object,_ByVal e As System.
EventArgs) Handles Button2.Click
        End
    End Sub
```

7.3.4 运行和测试程序

运行调试程序可以选择"调试"→"启动调试"菜单命令或按 F5 键, 也可以单击"工具栏"中的"启动调试"按钮。如果程序没有错误, 程序运行结果如图 7-4 所示。

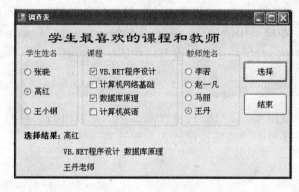

图 7-4 程序运行结果

7.4 操 作 要 点

7.4.1 单选按钮的分组

单选按钮的功能是在每一组中每次只能选择一项, 可以给单选按钮分组的容器控件有:

(1) 窗体 (Form)。

(2) 分组框 (GroupBox)。

(3) 图片框 (PictureBox)。

(4) 面板 (Panel)。

分组的方法都是先建立容器, 然后在容器中创建单选按钮, 这样, 每个容器中的单选按钮就是一组。

7.4.2 数组的初始化

定义数组的目的在于使用数组。而为了使用数组, 就要给数组的各个元素赋初值, 然后引用指定的元素。

在使用数组时, 通常要求数组有初值。当然可以用赋值语句或输入语句使数组中的元素得到值，但这样做会占用运行时间。为此 Visual Basic.NET 允许在定义数组时对各元素指定初始值，称为数组的初始化。

1. 一维数组的初始化

一维数组元素的初始化比较简单，一般格式如下：

```
Dim 数组名 () As 类型= {值 1，值 2，值 3…值 n}
```

Visual Basic.NET 不允许对显式指定上界的数组进行初始化，因此"数组名"后面的括号中必须为空，根据具体初值的个数确定数组的上界，需要赋给各元素的初值放在等号后面的花括号中，数据之间用逗号隔开。例如：

```
Dim a () As Short= {2,4,6,8,10}
```

定义了一个 Short 型数组 a，该数组有 5 个初值，因此数组的上界为 4，即 a(4)。经过上述定义和初始化后，把花括号中的值依次赋给各数组元素，使得 a(0)=2，a(1)=4，a(2)=6，a(3)=8，a(4)=10。类似地，对字符串数组也可以初始化。例如：

```
Dim c() As String= { "Beijing", "Tianjin", "Shanghai", "Chongqing"}
```

定义了一个字符串数组 c，该数组有 4 个初值，因此数组的上界为 3 即 c(3)。经过上述定义和初始化后，把花括号中的值依次赋给各数组元素，使得：

```
c(0)= "Beijing"
c(1)= "Tianjin"
c(2)= "Shanghai"
c(3)= "Chongqing"
```

2. 二维数组的初始化

二维数组元素初始化的一般格式如下：

```
Dim 数组名 (,) As 数据类型= {{第一行值}，{第二行值}…{第 n 行值}}
```

与一维数组初始化的格式相比，"数组名"后面的括号中多了一个逗号，而等号后面的为嵌套的花括号，每对内层花括号中的值为一行，每行中值的格式与一维数组相同。内层花括号的对数确定了二维数组的行数，而花括号中值的个数决定了二维数组的列数。例如：

```
Dim arr(,) As Short= { {1,2,3, 4},{5,6,7,8},{9,10,11,12}}
```

定义了一个二维数组 Arr，它在一对花括号内嵌套了三对花括号。内层花括号中的值分别代表二维数组各行的初值，即把第一对花括内的四个初始值赋给数组的第一行元素，第二对花括号的四个初始值赋给第二行元素，第三对花括号内的四个初始值赋给第三行元素。这称为按行赋初值。不难看出，用上面的语句定义的二维数组有 3 行 4 列，即 arr(2,3)。

二维数组以行、列矩阵形式存储。因此，用上面的语句初始化后的数组为 3 行 4 列矩阵：

```
1  2  3  4
```

```
5   6   7   8
9  10  11  12
```

3．多维数组的初始化

三维及其以上的数组称为多维数组。在实际应用中，一维和二维数组用得较多，三维数组用得较少，而三维以上的数组基本上用不到。这里只介绍三维数组的初始化。

三维数组与二维数组初始化的方法类似，只是在"数组名"后面的括号中有两个逗号，而等号后的初值要放在三层嵌套的花括号中。例如：

```
Dim  a(,,)  As  Integer={{{1,2,3,4}{5,6,7,8},{9,10,11,12}},{{13,14,15,16},
{17,18,19,20},{21,22,23,24}}}
```

定义了一个三维数组，第一维的长度为 2，因为可以把数组 a 看作是由两个二维数组组成，每个二维数组 3 行 4 列，三维数组如图 7-5 所示。在初始化时，用对每个数组按行赋初值的方法，分别用花括号把各行元素值括起来，并将三行的初值再用一对花括号括起来。因此 {{1,2,3,4},{5,6,7,8},{9,10,11,12}} 是第一个二维数组的初值；同样，{{13,14,15,16},{17,18,19,20},{21,22,23,24}} 是第二个二维数组的初值。

1	2	3	4
5	6	7	8
9	10	11	12

13	14	15	16
17	18	19	20
21	22	23	24

图 7-5　三维数组

各元素的值分别为：

```
arr(0,0)=1
arr(0,1)=2
arr(0,2)=3
arr(0,3)=4
arr(1,0)=5
arr(1,1)=6
arr(1,2)=7
arr(1,3)=8
arr(2,0)=9
arr(2,1)=10
arr(2,2)=11
arr(2,3)=12
```

7.4.3　数组元素的引用

数组必须先定义，然后使用。在 Visual Basic.NET 中，只能逐个引用数组元素，不能企图用一个数组名代替整个数组。

1．一维数组的引用

一维数组表示形式为：

数组名(下标)

"下标"可以是整型常量或表达式。例如：

```
a(0)=a(5)+a(7)-a(2*3)
```

数组元素的输入输出通常用 For 循环与 InputBox 函数或 Write 方法配合来完成。

在引用数组元素时，数组名、类型和维数必须与定义数组时一致。例如：

```
Dim  x(10)  As  Short
……
X(4)="AAAA"
```

赋值语句中的 X(4)不是数组 $x(10)$ 的元素，必须写成 X(4)=45(Short 值)。

2．二维数组和多维数组的引用

引用二维数组元素的形式为：

```
数组名(下标,下标)
```

例如 $a(2,3)$，表示引用二维数组 a 中第 2 行第 3 列（顺序号）的元素，类似地，三维数组元素的引用形式为：

```
数组名(下标,下标,下标)
```

例如，$a(1,2,3)$ 表示引用数组 a 中元素 $a(1,2,3)$。

数组元素可以出现在表达式中，也可被赋值。例如：

```
b(1,2)=a(3,4)+a(2,1))/2
```

在引用数组元素时，每一维下标都不能超过定义时的范围。例如：

```
Dim a(2,3)  As Short
…….
A(3,4)=3
```

定义 a 为 2×3 的数组，可以使用的行下标值最大为 2，列下标最大为 3，$a(3,4)$ 已超出了数组的范围。在这种情况下，程序将会出错。

注意

在定义数组时写的 $a(3,4)$ 和引用数组元素时写的 $a(3,4)$ 是不一样的，从形式上看它们相同，但内容不同。前者用 $a(3,4)$ 来定义数组的维数和各维的长度，而后者 $a(3,4)$ 中的 3 和 4 是下标值，$a(3,4)$ 代表数组中的某一个元素。

二维和多维数组的输入输出通过二重或多重 for 循环来实现。由于在 Visual Basic.NET 中数组是按行存储的，因此应把控制数组第一维的循环变量放在最外层循环中，例如：

```
Dim a(2,4),i,j As Short
    For i=0 To 2
    For j=0 To 4
            a(i,j)=i*j
```

```
        Next j
Next I
```

执行上面的程序段后，数组 a 各元素的值分别为：

```
a(0,0)=0
a(0,1)=0
a(0,2)=0
a(0,3)=0
a(0,4)=0
a(1,0)=0
a(1,1)=1
a(1,2)=2
a(1,3)=3
a(1,4)=4
a(2,0)=0
a(2,1)=2
a(2,2)=4
a(2,3)=6
a(2,4)=8
```

7.5　实训项目

【实训 7-1】　仓库存货管理

1．实训目的

（1）熟练掌握自定义数据类型的定义和使用方法。

（2）熟练掌握数组的建立方法、初始化过程及应用。

2．实训要求

编写一个"仓库存货管理"程序，用来管理仓库货品每天入库和出库的数量。

（1）程序运行后，用户在"货品编号"文本框中输入货品本身的编号，在"出入库数量"文本框中输入入库或出库的数量，其中正数表示入库，负数表示出库，保存数据的运行界面如图 7-6 所示。

（2）单击"保存"按钮，保存信息，单击"统计"按钮，调出"今日货品出入库统计"对话框，显示所有货品的出入库情况，统计数据的运行界面如图 7-7 所示。

图 7-6　保存数据的运行界面　　　　图 7-7　统计数据的运行界面

（3）如果没有查询到所输入的编号，则显示"产品编号不存在！"信息。

（4）假设有三种产品，编号分别为 1001、1002 和 1003。

任务 8

计算 5!、6!、8!和 5!+6!+8!

8.1 任 务 要 求

设计一个程序，用 Sub 过程和 Function 过程分别计算 5!、6!、8!和 5!+6!+8!，设计与运行界面如图 8-1 所示。

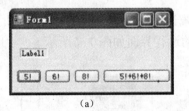
(a)

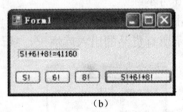
(b)

图 8-1　设计与运行界面

8.2 知 识 要 点

"过程"是包含在过程声明语句和过程结束语句之间的（Visual Basic.NET 语句块。所有的 Visual Basic.NET 语句代码都是在过程内部编写的。

过程从代码中的其他某处被调用。当过程执行结束时，它将控制返回给调用它的代码，此代码称为"呼叫代码"。呼叫代码是一个语句或语句内的表达式，它通过名称指定过程并将控制转让给它。

在 Visual Basic.NET 中，除了系统提供的内部函数过程和事件过程外，用户可自定义下列 4 种过程。

1．Sub 过程

以 Sub 保留字开始的为子过程，不返回值。

2．Function 过程

以 Function 保留字开始的为函数过程，返回一个函数值给呼叫代码。

3．Property 过程

以 Property 保留字开始的为属性过程，返回分配对象或模块上的属性值。

4．Event 过程

以 Event 保留字开始的为响应由用户操作或程序中的事件触发而执行的 Sub 过程。

使用过程构造代码具有以下优点：

（1）应用程序中的每行代码都必须在某个过程的内部，如果将大过程细分为更小的过程，应用程序的可读性将更强。

（2）过程对执行重复或共享的任务很有用。可以在代码中的许多不同位置调用过程，因此可以将过程用做应用程序的生成块。

（3）过程允许将程序分为不连续的逻辑单元。调试单独的单元与调试不包含过程的整个程序相比要容易。

（4）可以在其他程序中使用为某个程序开发的过程，而通常只需少量修改甚至不需修改。

8.2.1　Sub 过程

Visual Basic.NET 的 Sub 过程分为事件过程和通用过程两大类。事件是可被某对象识别的操作或结果（如单击命令按钮或数值超限等），可以为它编写响应代码。事件可以作为用户操作或程序计算的结果发生，也可以由系统触发。事件处理过程是为响应特定事件而编写的代码。有时多个不同的过程段需要使用同一段程序代码，为此，可将这段代码独立出来，编写为一个共用的过程，这种过程通常称为通用过程，它独立于事件过程之外，可供其他过程调用。

1．对象事件过程

其语法格式为：

```
Private Sub<对象名>_<事件名>(<参数列表>) [Handles <事件列表>]
    <语句组>
End Sub
```

其中，Handles 关键字为可选参数，指示此过程是否可以处理一个或多个特定事件；<事件列表>包括所有共享此过程的（事件）过程名；<语句组>就是程序设计者编写的事件响应程序代码。

虽然可以自己输入事件过程的声明语句，但 Visual Basic.NET 可自动声明，自动声明不仅快捷，而且不会出现人为错误，是一种值得提倡的方法。具体方法如下：

在代码窗体中，从"类名"中选择一个对象，从"方法名称"中选择一个事件过程名，就可在代码窗口中生成一个事件过程声明模板。例如，当对象选为窗体 Form1，过程选择为 Click，则在代码窗口就生成如图 8-2 所示的声明模板。

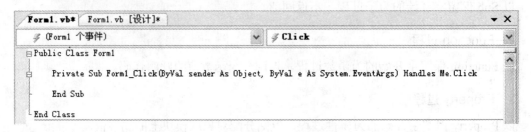

图 8-2　在代码窗口生成的声明模板

2．通用过程

通用过程只有在被调用时才被执行，主调程序可以是事件过程，也可以是通用过程。通用过程可以保存在窗体模块和标准模块中，其与事件过程不同之处在于，通用过程不是由对象的某个事件激活的，因此，通用过程的创建方法与事件过程有所不同。

可以在"代码编辑窗口"中直接输入用户创建的过程，此时，代码窗口中的"对象下拉列表框"变为"常规"，"过程下拉列表框"显示"声明"。

通用过程的定义形式如下：

```
[<访问修饰符>]  Sub<过程名>([<形参表>])
    <过程体>
End Sub
```

其中，各种参数说明如下：

（1）<访问修饰符>为可选项，可以是以下内容之一。

① Public：全局过程，没有访问限制，为默认访问修饰符。

② Protected：受保护过程，只能从其自身的类或派生类访问。

③ Friend：友元过程，只能从包含其声明的程序集内访问。

④ Private：私有过程，只能在模块级使用 Private。

（2）<过程名>使用与变量名相同的命名规则。过程名不返回值，而是通过形参与实参的传递得到结果，调用时可返回多个值。

（3）<过程体>是 VB 的程序段，除一般的执行语句外，还可以包含局部变量或常数定义语句及 Exit Sub 从过程中跳出的语句。

（4）<形参表>的语法格式为：

```
[Optional] [{ByVal}|[ByRef]] [ParamArray]<变量名>[As<类型>][=<默认值>]
```

其中,

① Optional 表示参数不是必须的关键字。如果使用了该选项,则(形参表)中的后续参数都必须是可选的,而且必须都使用 Optional 关键字声明。如果使用了 ParamArray,则任何参数都不能使用 Optional。

② ByVal 表示该参数按值传递;ByRef 表示该参数按地址传递。ByRef 是 VB 的默认选项。

③ ParamArray 只用于形参表的最后一个参数,使用 ParamArray 关键字可以提供任意数目的参数。ParamArray 关键字不能与 ByVal、ByRef 或 Optional 一起使用。

④ <变量名>代表参数的变量的名称,遵循标准的变量命名约定。如果是数组变量,要在数组名后加上一对圆括号。

⑤ <默认值>代表任何常数或常数表达式,只对 Optional 参数合法。如果类型为 Object,则显式的默认值只能是 Nothing。

3. 通用过程的调用

可以使用独立的调用语句来显式调用 Sub 过程,不能在表达式中使用过程名称来调用该过程,必须提供所有必选参数的值,并且必须用括号将实参数列表括起来。如果未提供任何参数,则也可以选择省略括号。

调用 Sub 过程的语法如下

```
[Call] <过程名> [(<实参表>)]
```

Call 关键字是可选项。

【例 8-1】 调用全局过程。

设计说明:

在工程中建立三个模块:Form1 窗体模块,Form2 窗体模块,Module1 标准模块。其中,Form1、Form2 窗体界面分别如图 8-3(a)、(b)所示。

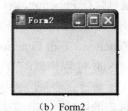

（a）Form1　　　　　　　　　　（b）Form2

图 8-3　Form1、Form2 窗体界面

在上述三个模块中分别建立三个全局过程:F1_test(aAsForm),F2_test(aAsForm),M_test(a As Form),代码如下:

（1）Form1 窗体代码如下:

```
Public Sub F1_test()
    Me.Label1.Text = "执行 Form1 窗体过程 F1_test"    '输出到 Label1
End Sub
    Private Sub Button1_Click(ByVal sender As System.Object, ByVal e As _
```

```
System.EventArgs) Handles Button1.Click
     Call F1_test()
          '调用其他窗体模块中的 Public 过程必须加窗体模块名
     Call Form2.F2_test()
     Call Module1.M_test()
End Sub
```

（2）Form2 窗体中的全局过程 F2_test 代码如下：

```
Public Sub F2_test()
     Form1.Label2.Text = "执行 Form2 窗体过程 F2_test"
         '输出到 Form1 窗体的 Label2
End Sub
```

（3）Module1 中的全局过程 M_test 代码如下：

```
Public Sub M_test()
     Form1.Label3.Text = "执行 Module1 中 M_test 过程"
'输出到 Form1 窗体的 Label3
End Sub
```

程序运行结果如图 8-4 所示。

8.2.2　Function 过程

Visual Basic.NET 函数分为内部函数和外部函数。内部函数在任务 3 已做介绍，（参见 3.3.3），如 Cos、Sqrt、Len 等。外部函数是用户根据需要用 Function 关键字定义的函数过程，与 Sub 过程不同的是通常 Function 过程将返回一个值。因此，

图 8-4　程序运行结果

Function 过程的调用常出现在表达式中或赋值语句中，尽管 Function 过程可以作为基本语句使用，但一般不用。而 Sub 过程没有返回值，都是作为独立的基本语句使用。

Function 过程是包含在 Function 语句和 End Function 语句之间的一系列 Visual Basic 语句。每次调用过程时都执行过程中的语句，从 Function 语句后的第一个可执行语句开始，到遇到第一个 End Function、Exit Function 或 Return 语句时结束。

Function 过程与 Sub 过程相似，但它还向调用程序返回值。Function 过程可以带呼叫代码传递给它的参数，如常数、变量或表达式。

声明 Function 过程的语法如下所示：

```
[<访问修饰符>] Function <函数名>([<形参表>]) [As <类型>]
  [<局部变量或常数定义>]
  [<语句体>]
  [<函数名>＝<表达式>] 或 [Return <表达式>]
End Function
```

Sub 过程相同<访问修饰符>可以是 Public、Protected、Friend、Protected Friend 或 Private。

可以在模块、类和结构中定义 Function 过程。默认情况下它们是 Public，这意味着可以从应用程序中的任意位置调用它们。

1. Function 过程以 "Function" 开头，以 "End Function" 结束。

2. <函数名> 是 Function 的过程名字，命名规则与变量名规则相同。在函数体内，函数名可以当变量使用，函数的返回值可以通过对函数名的赋值语句来实现的，即函数值通过函数名返回，因此在函数过程中至少要对函数名赋值一次。

3. As <类型> 是指函数返回值的类型，如果类型检查开关（Option Strict 语句）为 On，则为必选项。

4. <语句体> 是程序段，可有一个或多个 Exit Function 语句退出函数过程，常常是与选择结构（If 或 Select Case 语句）联用，即当满足一定条件时，退出函数过程。

5. 格式中的其他内容与 Sub 过程中相同。

在需要将值返回给调用代码时，请使用 Function 过程。在不需要返回值时，请使用 Sub 过程。

【例 8-2】　求三个数的最大公约数。用两数最大公约数 Function 过程来实现。

分析：

由数学中的知识可知，两整数 n，m 的最大公约数为：n×m/（最小公倍数）。用 "辗转相除法"：n 存放大数，r 放余数。

r≠0 时，重复 m→n，r→m，r = n Mod m。

r = 0 时，m 中的数就是开始 m 与 n 的最大公约数。

将 n 与 m 的最大公约数与 k 用相同的方法，求出最终的最大公约数。

窗体设计界面如图 8-5（a）所示。

在 Form1 类中编写代码如下：

```
Private Function ComDiv(ByVal n&, ByVal m&) As Long
    '求最大公约数
    Dim c, r As Integer
    If m > n Then c = m : m = n : n = c
    Do
        r = n Mod m
        n = m : m = r
    Loop While r <> 0
    Return n
End Function
Private Sub Button1_Click(ByVal sender As System.Object, _
ByVal e As System.EventArgs) Handles Button1.Click
    Dim n, m, k As Long
    n = Val(TextBox1.Text)
    m = Val(TextBox2.Text)
    k = Val(TextBox3.Text)
    If n * m * k = 0 Then Exit Sub
    Label4.Text = ComDiv(ComDiv(n, m), k)
End Sub
```

程序运行后，运行界面如图 8-5（b）所示。

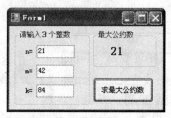

（a）窗体设计界面　　　　　　　　　　　　　（b）运行界面

图 8-5　窗体设计和运行界面

8.2.3　参数传递

1．形式参数与实际参数

呼叫语句传递给过程的每个值称为"实参"（实际参数），实参可以是常量、变量或表达式。过程中需要另外一些参数来接收这些实参值，这些参数称为"形参"（形式参数），形参是在 Sub 或 Function 过程的定义中出现的变量名，形参中的数组一般不指明大小，但要有括号，定长字符串不能作形参。

调用一个过程时必须完成形参与实参的结合，即把实参的值传给形参，然后按实参的值执行被调用过程。

参数传递是指呼叫语句的实际参数值传递给被呼叫过程中对应的形参，这个过程称为"虚实"结合。

2．按值（ByVal）传递与按地址（ByRef）传递

在定义过程时，用关键字 ByRef 说明的参数，是定义按地址传递参数，就是让过程根据变量的地址访问实际变量的内容，即形参与实参使用相同的内存单元，这样通过子程序就可以改变变量本身的值。

在定义过程时，用关键字 ByVal 说明的参数就是按值传递的参数，此类型的参数在过程被调用时，实际参数的数据"赋值"到形参中。此后，在过程体中的语句对该参数的任何改变，都与实参变量无关，即过程调用前后，与该类形参对应的实参变量值保持不变。按值传递时，由于传递的只是变量的副本，因此比较安全。Visual Basic.NET 默认按值传递参数。

【例 8-3】编一个交换两个整型变量值的 Sub 过程。

```
Private Sub Swap(ByRef X As Integer, ByRef Y As Integer)
    Dim Temp As Integer
    Temp = X
    X = Y
    Y = Temp
End Sub
```

试想，这里为什么要使用按址传递参数？如果改用按值传递会出现什么结果？
再看下面的一段程序：

```
    Private Sub SubA(ByRef A1 As Integer, ByRef A2 As Integer, ByVal A3 As
Integer)
        A1 = A1 + 1
        A2 = A2 + 1
```

```
        A3 = A3 + 1
    End Sub
Private Sub Button1_Click(ByVal sender As System.Object, _
ByVal e As System.EventArgs) Handles Button1.Click
        Dim x, y As Integer
        x = 1 : y = 2
        Call SubA(2 * 3, (X), Y)
        Label1.Text = "X=" & x & "  Y=" & y
    End Sub
```

程序的运行界面如图 8-6 所示。

这是由于实参 X 外加了一对圆括号，将原来形参 A2 按地址传递，强行改为按值传递。

3．传递数组

数组作参数是通过地址方式传送。在传送数组时，除遵守参数传送的一般规则外，还应注意以下几点：

（1）为了把一个数组的全部元素传送给一个过程，应将数组名分别写入形参表中，并略去数组的上下界，但括号不能省略。如：

```
Private Sub Sort( a() As single)
    ......
End Sub
```

其中，形参"a()"即为数组。

（2）被调过程可通过 Ubound 函数确定实参数组的上界。

（3）当用数组作形参时，对应的实参必须也是数组，且类型一致。

（4）实参和形参结合是按地址传递，即形参数组和实参数组共用一段内存单元。

（5）实参数组后面的括号可以省略，但为便于阅读，建议一般不要省略为好。

【例8-4】 编写一个通用排序程序（升序）Sort()。产生 n 个两位随机整数输出，再调用过程 Sort()，再输出排序后的随机数，如图 8-7 所示。

图 8-6 程序的运行界面

图 8-7 排序后的随机数

在 Form1 类中编写代码如下：

```
Private Sub Sort(ByVal A() As Integer)
    Dim i, j, t As Integer
    For i = LBound(A) To UBound(A) - 1
        For j = i + 1 To UBound(A)
            If A(i) > A(j) Then
                t = A(i) : A(i) = A(j) : A(j) = t
            End If
        Next
```

```
    Next
    End Sub
    Private Sub Button1_Click(ByVal sender As System.Object,_ByVal e As System.
EventArgs) Handles Button1.Click
        Dim i, n, A() As Integer        '  定义动态数组
        Label1.Text = ""
        n = Val(InputBox("请输入数组元素的个数", "冒泡排序", 0))
        ReDim A(n)
        For i = 1 To n
            A(i) = Int(Rnd()*90) + 10
            Label1.Text &= A(i) & " "
        Next
        Label1.Text &= Chr(10)
        Sort(A)
        For i = 1 To n
            Label1.Text &= A(i) & " "
        Next
    End Sub
```

8.2.4   集合

集合类似于数组，但可以用比数组更灵活、更有效的方式处理集合中的数据项（元素）。集合对象特别适合用来保存对象引用，同时也适合保存 Visual Basic.NET 的其他数据类型。

与数组相比，集合有着明显的优势，例如：

➢ 集合比数组占用的内存少。

➢ 集合具有更灵活的索引功能。

➢ 集合提供了增加和删除成员的方法。

1. 建立集合并向集合中添加项目

建立一个 collection 类的实例，其格式为：

```
Dim 集合名 As New Collection()
```

对集合可以执行三种主要的操作，即向集合中添加（或插入）数据项、从集合中删除数据项和查找集合中的成员，这些操作通过下面的方法来实现。

（1）Add 方法：向集合中增加项目。

（2）Item 方法：通过索引或键值返回一个项目。

（3）Remove 方法：通过索引或键值从集合中删除一个项目。

除上述方法外，集合对象还有一个只读属性，即 count，它返回集合中数据项的个数。

把数据项加到集合中：

```
Private Sub Form1_Load(ByVal sender As System.Object,_ByVal e As System.
EventArgs) Handles MyBase.Load
    Dim i As Short
    Dim myname As New Collection()
    Dim x
```

```
        For i = 1 To 10
            myname.Add(item:="name" & i, key:="key#" & i)
    Next i
End Sub
```

输出集合中的每个成员，可以使用 For...Next 循环，例如：

```
Private Sub Form1_Load(ByVal sender As System.Object,_ByVal e As System.
EventArgs) Handles MyBase.Load
    Dim i As Short
    Dim mynames As New Collection()
    For i = 1 To 10
        mynames.Add(item:="name" & i, key:="key#" & i)
    Next i
    For i = 1 To 10
        Debug.WriteLine(mynames(i))
Next i
End Sub
```

2. 集合成员的删除和检索

（1）集合成员的删除。集合成员可通过 Remove 方法来删除，其格式如下：

```
Object.Remove Index
```

（2）检索集合中指定的成员。用 Item 方法可以指向（或返回）集合中某个具体的成员，其格式为：

```
Object.Item Index
```

用 Item 方法指定集合中的元素，并分别把他们赋给不同的变量。

```
Private Sub Form1_Load(ByVal sender As System.Object,_ByVal e As System.
EventArgs) Handles MyBase.Load
    Dim i As Short
    Dim myname1, myname2, myname3
    Dim mynames As New Collection()
    For i = 1 To 10
        mynames.Add(item:="name" & i, key:="key#" & i)
    Next i
    mynames.Add(item:="This is a new one inserted", before:=8)
    mynames.Add(item:="这是新插入的一行", after:=4)
    Debug.Write("")
    myname1 = mynames.Item(5)
    myname2 = mynames(8)
    myname3 = mynames(9)
    Debug.WriteLine(myname1)
    Debug.WriteLine(myname2)
    Debug.WriteLine(myname3)
End Sub
```

【例 8-5】　编写程序，试验 For Each...Next 语句的操作。运行结果如图 8-8 所示。

```
Private Sub Form1_Load(ByVal sender As System.Object, _ByVal e As System.
```

```
EventArgs) Handles MyBase.Load
        Dim arr(10), Arr_elem, Sum
        Dim i As Short
        Debug.WriteLine("")
        For i = 0 To 10
            arr(i) = Int(Rnd()*100)
        Next i
        For Each Arr_elem In arr
            If Arr_elem > 50 Then
                Debug.Write(Str(Arr_elem) & "")
                Sum = Sum + Arr_elem
            End If
            If Arr_elem > 95 Then Exit For
        Next Arr_elem
        Debug.WriteLine("")
        Debug.WriteLine("Sum=" & Str(Sum))
End Sub
```

图 8-8　运行结果

用 Item 方法指定集合中的元素，并分别把它们赋给不同的变量。

```
    Private Sub Form1_Load(ByVal sender As System.Object, _
ByVal e As System.EventArgs) Handles MyBase.Load
        Dim i As Short
        Dim myname1, myname2, myname3
        Dim mynames As New Collection()
        For i = 1 To 10
            mynames.Add(item:="name" & i, key:="key#" & i)
        Next i
        mynames.Add(item:="This is a new one inserted", before:=8)
        mynames.Add(item:="这是新插入的一行", after:=4)
        Debug.Write("")
        myname1 = mynames.Item(5)
        myname2 = mynames(8)
        myname3 = mynames(9)
        Debug.WriteLine(myname1)
        Debug.WriteLine(myname2)
        Debug.WriteLine(myname3)
End Sub
```

8.3　设　计　过　程

8.3.1　创建项目

（1）从 Windows 的"开始"菜单中，启动 Microsoft Visual Studio.NET。

（2）在 Visual Basic.NET 集成开发环境（IDE）中，选择"文件"→"新建项目"菜单命令，打开"新建项目"对话框。

（3）选择"Windows 应用程序"，然后单击"确定"按钮。IDE 中将显示一个新的窗体，并且项目所需的文件也将添加到"解决方案资源管理器"窗口中。同时系统默认应用程序项目的名称为"WindowsApplication1"。

8.3.2 创建用户界面

本例中，需要在窗体上建立 1 个标签 Label1 和 4 个按钮 Button1~Button4。标签用于显示计算结果，4 个按钮用于完成 4 个运算。

其中，1 个标签和 4 个按钮同时设置 FontSize=12 和 FontBold=True，窗体及其上各控件的属性值如表 8-1 所示。

表 8-1 窗体及其上各控件的属性值

对 象	属 性	属 性 值
窗体	（名称）	Form1（系统默认）
	Text	过程调用
按钮 1	（名称）	Button1
	Text	5!
	Tag	5
按钮 2	（名称）	Button2
	Text	6!
	Tag	6
按钮 3	（名称）	Button3
	Text	8!
	Tag	8
按钮 4	（名称）	Button4
	Text	5!+6!+8!
	Tag	7
标签 1	（名称）	Label1
	Text	Label1（系统默认）

设计完的窗体界面如图 8-9 所示。

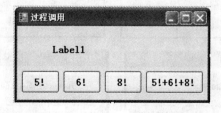

图 8-9 设计完的窗体界面

8.3.3 编写代码

在应用程序设计中，有时需要让单个事件处理程序用于多个事件或者让多个事件引发同一过程。本例的 4 个命令按钮的 Click 事件共享 Button1_Click 事件处理程序，是通过使用 Handles 关键字实现的。

Button1_Click 事件处理过程的第一个参数，sender 提供对引发事件的对象的引用，通过引用对象的属性（Tag 或 TabIndex 等）可获得一些信息。上面示例中的第二个参数 e 传递针对要处理事件的对象，如鼠标事件中鼠标的位置。

1. 计算 n!的通用 Function 过程——Fact

```
Private Function Fact(ByVal n As Integer) As Long
    Dim i As Integer
    Fact = 1
    For i = 1 To n
        Fact = Fact * i
    Next
End Function
```

2. 计算

```
Private Sub Button1_Click(ByVal sender As System.Object, ByVal e As _
    System.EventArgs) Handles Button1.Click, Button2.Click, Button3.Click,
Button4.Click
    Dim sum As Long
    sum = Fact(sender.Tag)      'Fact 的实参 Sum 的类型必须与形参 n 一致，即 Long 型
    If sender.Tag = 7 Then sum = Fact(5) + Fact(6) + Fact(8)
    Label1.Text = sender.Text & " = " & sum
End Sub
```

8.3.4 运行和测试程序

运行调试程序可以通过执行菜单"调试"，选择"启动调试"命令或按 F5 键，也可以单击"工具栏"中的"启动调试"按钮。如果程序没有错误，程序运行结果如图 8-10 所示。

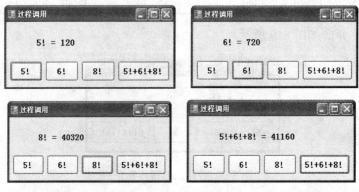

图 8-10　程序运行结果

8.4 操 作 要 点

8.4.1 Function 过程与 Sub 过程的区别

Visual Basic.NET Function 过程和 Sub 过程一样，都是一个独立的过程。两者都可以读取参数，执行一系列的语句并改变其参数的值。Function 过程与 Sub 过程不同的是，Funtion 过程可返回一个值到调用的过程。Function 过程与 Sub 过程的区别主要包括下面三点：

（1）Function 过程语句或表达式的右边包含函数过程或参数，这就调用了函数。

（2）与变量完全一样，函数过程有数据类型，这决定了返回值的类型。如果缺省［As < 类型 > ］部分，数据类型为 Object。

（3）可以给 Function 过程中的<函数名>赋一个值，即为返回的值。

8.4.2 形参与实参的区别

形参是变量，实参可以是常量、变量以及表达式，它俩之间是单向传递的关系，只能从实参向形参传递，无论形参怎么改变都不影响实参的值。为了说明两者的关系。用下面的例子来说明形参与实参的不同。

```
Function add(x,y) As Interger
Dim sum As Interger
sum=x+y
add=sum
End Function

Dim a,b,sum
a=3
b=4
sum=add(a,b)
```

这里的 x，y 是形参，a，b 是实参

8.4.3 操作小技巧

1. 利用 Function 返回多个值

与 Sun 过程相比，Function 作为子程序的一个优点是 Function 本身可以返回一个值到上一层呼叫的子程序里。但在实际中，可能需要返回多个值。我们知道，ByVal 是两个子程序间的传值放在不同的内存位置，而预设的 ByRef 则是将传值放在同一个内存位置上。因此可以利用按地址（ByRef）传递的这一特点来解决。

下面的程序定义了一个函数，能够完成四则运算。可以利用单击命令按钮，返回所要的四则运算之一。

```
Private Sub Command1_Click()
```

```
MyReturn 5, 6
End Sub

Private Function MyReturn(X, Y) As Long
A = X + Y
B = X - Y
C = X * Y
D = X / Y
End Function
```

如果想一次返回 A、B、C、D 四个数值则可以用下面的方法完成。

```
Private Sub Command1_Click()
MyReturn 5, 6, Ans1, Ans2 ,Ans3 ,Ans4
MsgBox "答案分别是" & Ans1 & "," & Ans2 & "," & Ans3 & "," & Ans4
End Sub

Private Function MyReturn(X, Y, A, B, C, D) As Long
A = X + Y
B = X - Y
C = X * Y
D = X / Y
End Function
```

也可以把数据作为 Variant 型数组返回，程序如下：

```
Private Sub Command1_Click()
Ans = MyReturn(5, 6)
MsgBox "答案分别是" & Ans(0) & "," & Ans(1) & "," & Ans(2) & "," & Ans(3)
End Sub

Private Function MyReturn(X, Y) As Variant
MyReturn = Array(X + Y, X - Y, X * Y, X / Y)
End Function
```

2. 利用集合替代数组

尽管集合一般用来处理 Object 数据类型，但它也可以处理任何数据类型。例如，对于需要更改大小的数组，利用集合替代数组会更有效。

这是因为，更改数组大小，需要使用 RenDim 语句（VB 6.0），此时 VB 会创建一个新数组并释放以前的数组，这需要一定的执行时间，而集合不用创建新对象或复制现有的元素，它在处理大小调整时所用的执行时间比数组少。

下面使用 .NET Framework 泛型类 System.Collections.Generic List<(of<(T)>)>) 来创建 customer 结构的列表集合。

```
'为 customer 定义一个结构
Public Structure customer
Public name As String
End Structure
'声明 custFile 集合指定它只能包含 customer 类型的元素，并提供 100 个元素的初始容量。
Public custFile As New List (of customer) (100)
```

```
'addNewCustomer 检查新元素的有效性，然后将新元素添加到集合中。
Private Sub addNewCustomer(ByVal newCust As customer)
custFile.Add(newCust)
End Sub
' printCustomers 过程使用 For Each 循环遍历集合并显示集合的元素。
Private Sub printCustomers ()
For Each cust As customer In custFile
Debug.WriteLine (cust)
Next cust
End Sub
```

8.5 实 训 项 目

【实训 8-1】 求组合数的值

1. 实训目的

（1）正确理解设计带参数的过程和函数的必要性。

（2）熟练掌握实参和形参的概念及其应用。

（3）掌握带参数过程和函数的执行过程。

2. 实训要求

编写一个程序，用来计算组合数的值。求组合数的公式如下：

$$C_n^m = \frac{N!}{M!(N-M)!}$$

（1）该程序设计界面如图 8-11 所示，用户在文本框中分别输入公式中的 M 和 N 的实际数值。

（2）单击"计算（过程）"按钮，将利用调用过程来计算结果，并将结果显示在"C(N,M)1"后的标签中。

（3）单击"计算（函数）"按钮，将利用调用函数来计算结果，并将结果显示在"C(N,M)2"后的标签中。

程序运行界面如图 8-12 所示。

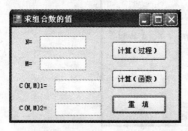

图 8-11 【实训 8-1】设计界面

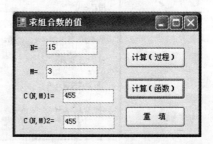

图 8-12 【实训 8-1】程序运行界面

任务 9

设计一个个性化签名

9.1 任务要求

编写一个"设置个性化签名"的程序，实现对文本的字体和字形的设置，设计界面如图 9-1 所示。

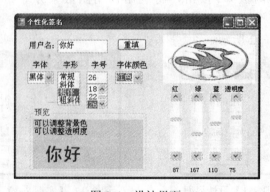

图 9-1 设计界面

要求：

● 用户可以在文本框中输入用户名的内容。

● 用户可以设置用户名的字体、字形、字号和颜色，并通过"预览"栏随时查看设置的效果。

● 单击"重填"按钮可以清空文本框中的内容。
● 通过滚动条可以改变"预览"栏中签名的背景颜色和透明度。
● 窗体一运行就在右上角的图片框中加载图片。

9.2 知 识 要 点

9.2.1 列表框

列表框（ListBox）用于在很多选项中进行选择的操作。在列表框中可以有多个选项供选择，用户可以通过单击某一项选择自己所需要的选项。如果选项太多，超出了列表框设计的长度，则 Visual Basic.NET 会自动给列表框加上垂直滚动条。为了能正确操作，列表框的高度应不少于 3 行。

1. 属性

列表框所支持的标准属性包括：Enabled、Font、Size（Height，Width）、Location（X，Y）、Visible 等。此外，列表框还具有以下特殊属性：

（1）Items：该属性用来列出选项的内容。Items 属性是保存了列表框中所有选项内容的数组，可以通过下标访问数组中的值（下标值从 0 开始），其格式为：

```
s$=列表框名.Items(下标)
```

例如：s$=ListBox1.Items(6)　　'将列出列表框 ListBoxl 第七项的内容。
也可以用该属性改变选项数组中已有的值，格式为：

```
列表框名.Items(下标)= s$
```

例如：ListBox1.Items(3)="AAAAAAA"　　'将把列表框 ListBoxl 第四项的内容设置为"AAAAAAA"

（2）Items.Count：该属性列出列表框中项目的数量。 列表框中项目的排列从 0 开始，最后一项的项的序号为 Items.Count−1。例如执行

```
x=ListBoxl.Items.Count
```

后，x 的值为列表框 ListBox1 中的总项数。

（3）SelectedIndex：该属性的设置值是已选中的项目的位置。项目的位置由索引值指定，第一项的索引值为 0，第二项为 1，依次类推。如果没有选中任何项，SelectedIndex 的值将被设置为−1。在程序中设置 SelectedIndex 后，被选中的条目将反相显示。例如：

```
ListBox1.SelectedIndex=4
```

执行该语句后，列表框中的第 5 项将反相显示。
把该属性与 Items 属性结合使用，可以指定当前选择的项目内容，例如：

```
ListBox1.Items(ListBox1.SelectedIndex)
```

（4）SelectionMode：该属性用来设置一次可以选择的项目数。对于一个标准列表框，该属性的设置值决定了用户是否可以在列表框中进行多项选择。SelectionMode 属性的值有四个，SelectionMode 属性值及含义如表 9-1 所示。

表 9-1　SelectionMode 属性值及含义

取　值	含　义
None	不允许选择选项
One	每次只能选择一项，如果选择另一项则会取消对前一项的选择（默认）
MultiSimple	简单多选。可以同时选择多个项可以用鼠标或空格键选择或释放
MultiExtended	扩展多选。可以选择指定范围内的选项

在设置了 MultiSimple 属性值后，用户可单击所要选择的范围的第一项，然后按下 Shift 键，不要松开，并单击所要选择的范围的最后一项。如果按住 Ctrl，并单击列表框中的项目，则可不连续地选择多个选项。

如果选择了多个选项，SelectedIndex 和 Text 的属性只表示最后一次的选择值。为了确定所选择的选项，必须检查 Selected 属性的每个元素。

（5）GetSelected：该属性实际上是一个数组，各个元素的值为 True 或 False，每个元素与列表中的一项相对应。当一个元素的值为 True 时，表明选择了该项：如果为 False 则表明该项未被选择。用下面的语句可以检查指定的项目是否被选择：

```
B=列表框.Selected(索引值)
```

"索引值"从 0 开始，它实际上是数组的下标，上面的语句返回一个逻辑值（True 或 False）。

（6）Sorted：该属性用来确定列表框中的项目是否按字母数字升序排列。如果 Sorted 的属性设置为 True，则列表框中的项目按字母数字升序排列。如果把它设值为 False(默认)，则列表框中的项目按加入列表框的先后次序排列。

（7）Text：该属性的值为最后一次选中的项目的文本内容，不能直接修改 Text 属性。例如：

```
Private Sub ListBox1_SelectedIndexChanged(ByVal sender As System.Object, _
        ByVal e As System.EventArgs) Handles ListBox1.SelectedIndexChanged
    Dim s As String
    s=ListBox1.Text
    MsgBox(s)
End Sub
```

运行程序，如果在列表框中选择一项，则执行上面的语句后，将在信息框中显示该项的内容。

（8）MultiColumn：该属性用来设定列表框中项目的显示方式，即以多列方式显示或以单列方式显示，可以取两种值，即 True 和 False。如果把它设置为 False（默认），则列表框中的项目以单列方式显示；如果设置为 True，则列表框中的项目以多列方式显示。

（9）ColumnWidth：当 MultiColumn 属性被设置为 True 时，可以用该属性设定列表框的列宽度，以像素为单位。

2．列表框事件

列表框接收 Click、DblClick、GotFocus 和 LostFocus 事件。但有时不用编写 Click 事件过程代码，而是当单击一个按钮或发生 DblClick 事件时，系统会自动读取 Text 属性。此外，列表框还可以接收 SeletedIndexChanged 事件，当在列表框中改变选择项目时触发该事件。

3．列表框方法

列表框可以使用 Items.Add、Items.Clear、Items.Remove 和 Items.RemoveAt 等四种方法，用来在程序运行时修改列表框的内容。

（1）Items.Add。

该方法用来在列表框中插入一行文本，其格式为：

```
列表框名 Items.Add(项目字符串)
```

Items.Add 方法把"项目字符串"的文本内容放入列表框的尾部（假定 Sorted 属性值为 False）。该方法只能单个地向表中添加项目。例如：

```
ListBox1.Items.Add(TextBox1.Text)
```

将把文本框 TextBoxl 中的文本添加到列表框 ListBoxl 中。

（2）Items.Clear。

该方法用来清除列表框中的全部内容，其格式为：

```
列表框名.Items.Clear
```

执行 Items.Clear 方法后，Items.Count 重新被设置为 0。

（3）Items.Remove。

该方法可以删除列表框中指定的项目，其格式为：

```
列表框名.Items.Remove(项目字符串)
```

例如：删除列表框中的内容为"IBM"的项目，执行下面语句：

```
ListBox1.Items.Remove("IBM")
```

（4）Items.RemoveAt。

该方法用来删除列表框中指定索引值所对应的项目，其格式为：

```
列表框名.Items.RemoveAt(索引值)
```

Items.RemoveAt 方法从列表框中删除以"索引值"为地址的项目，该方法每次只能删除一个项目。

4．复选列表框

复选列表框是对标准列表框的扩展，其功能和用法基本相同，主要有以下两点区别：

（1）在表项的左侧显示复选框标记。

（2）在复选列表框中不能使用多选方式，即只能选择一项或没有任何选择。只有加了选择标记的项才是被选中的项。

9.2.2　组合框

组合框（ComboBox）是将列表框和文本框的特性组合而成的控件。也就是说，组合框是一种独立的控件，但它兼有列表框和文本框的功能。它可以像列表框一样，让用户通过鼠标选择所需要的项目，也可以像文本框一样，用键盘输入的方式添加需要选择的项目。组合框和列表框功能类似，在某些情况下可以互相替代，但在具体应用中有一定的差别。一般来说，组合框适用于在一组选项中反复选择的情况，而列表框适用于将输入限制为列表中内容的情况。此外组合框可包含文本框字段，可以输入列表中没有的选项，而且组合框还能节约屏幕空间。

1．组合框属性

列表框的属性基本上都可用于组合框，此外它还有一些特有属性。

（1）DropDownStyle。这是组合框的一个重要属性，其取值为 DropDown、Simple、DropDownList，它决定了组合框有三种不同的类型。

① 当属性值设置为 DropDown 时，组合框称为"下拉式组合框"（Dropdown-ComboBox）。它看起来像一个下拉列表框，但可以输入文本或从下拉列表中选择项目。单击右端的箭头可以下拉显示列表项目，并允许用户选择，可识别 Dropdown 事件。在 Visual Basic.NET 的属性窗口中有类似的操作。

② 当属性值设置为 Simple 时，组合框称为"简单组合框"（SimpleComboBox），它由可输入文本的编辑区和一个标准列表框组成。列表不是下拉式的，一直显示在屏幕上，可以选择项目，也可以在编辑区中输入文本，它识别 DblClick 事件。在运行时，如果项目的总高度比组合框的高度大，则自动加上垂直滚动条。

③ 当属性值设置为 DropDownList 时，组合框称为"下拉式列表框"（Dropdown-ListBox）。与下拉式组合框一样，它的右端也有个箭头，可供"拉下"或"收起"列表框，可以选择列表框中的项目，但不能在编辑区输入文本。它不能识别 DblClick、TextChanged 事件，但可识别 DropDown 事件。

如图 9-2 所示显示出了三种不同类型的组合框，从左至右依次为下拉式组合框、简单组合框和下拉式列表框。从表面上看，第一种和第三种类似，两者的主要区别是，第一种组合框允许在编辑区输入文本，而第三种只能从下拉列表框中选择项目，不允许输入文本。

如果通过代码设置 DropDownStyle 属性，则格式如下：

组合框名.DropDownStyle=属性值

这里的"属性值"是枚举类型 ComboxStyle，可以取的值同前。

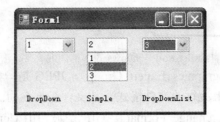

图 9-2 三种不同类型的组合框

```
CombomBoxStyle.DropDown
CombomBoxStyle.Simple
  ComboBoxStyle.DropDownList
```

（2）Text。该属性是获取用户所选择的项目的文本或直接从编辑区输入的文本。

2．组合框事件

前面在介绍属性时，已提到部分组合框事件。实际上，组合框可以响应的事件依赖于其 DropDownStyle 属性的属性值。例如，只有简单组合框（DropDownStyle 属性值为 Simple）才能接收 DblClick 事件，其他两种组合框可以接收 Click 事件和 Dropdown 事件。对于下拉式组合框（属性 DropDownStyle 的值为 DropDown）和简单组合框，可以在编辑区输入文本，当输入文本或从列表中选择项目时可以接收 TextChanged 事件。一般情况下，用户选择项目之后，只需要读取组合框的 Text 属性。

当用户单击组合框中向下的箭头时，将触发 DropDown 事件，该事件实际上对应于向下箭头的单击事件（Click）。

3．组合框方法

在 9.2.1 中介绍的列表框的方法 Items.Add、Items.Clear、Items.Remove 和 Items.RemoveAt 方法也适用于组合框，其用法与列表框完全相同。

9.2.3 图片框

图片框（PictureBox）是 Visual Basic.NET 中用来显示图形的基本控件，用于在窗体的指定位置显示图形信息。添加到窗体上的对象默认名称为 PictureBox1，PictureBox2，PictureBox3，…。

1．图形文件格式

Visual Basic.NET 支持的图形文件格式有以下几种：

（1）Bitmap（位图）。Bitmap 也称"绘图类型"（paint-type）图形，将图形定义为由点（像素）组成的图案，其文件扩展名为.BMP 或.DIB。

（2）Icon（图标）。Icon 是一种特殊类型的位图，其最大尺寸为 32×32 像素，也可以为 16×16 像素，其扩展名为.ICO 或.CUR。

（3）Metafile（图元文件）。Metafile 也称为"绘图类型"图形，它将图形定义为编码的线段和图形。普通图元文件的扩展名为.WMF，增强型图元文件的扩展名为.EMF。

注意

在窗体、图片框中只能装入与 Microsoft Windows 兼容的图元文件。

（4）JPEG（Joint Photographics Expert Group）。JPEG 是一种支持 8 位和 24 位颜色的压缩位图格式，也是 Internet 上流行的文件格式，其文件扩展名为.JPG 或.JPEG。

（5）GIF（Graphics Interchange Format）。GIF 是最初由 CompuServe 开发的一种压缩位图格式，支持 256 中颜色，是 Internet 上流行的格式，其扩展名为.GIF。

2. 图片框的属性

任务 2 中介绍了窗体和控件常用的属性，包括 Enabled、Name 和 Visible 等，这些属性完全适用于图片框，其用法也相同。但在使用时应注意，对象名称不能省略，必须是具体的图片框名称。

（1）Image 属性。Image 属性可以把上述格式的图形文件加入图片框中。通过属性窗口或代码设置，用来把图形装入这些对象中。在图片框、按钮等控件中显示的图形以文件形式存放在磁盘上。

（2）BorderStyle 属性。BorderStyle 属性用来设置图片框的边框，可以取以下三种值，具体取值及含义如表 9-2 所示。

表 9-2　BorderStyle 属性取值及含义

属 性 值	含 义
None	无边框（默认）
FixedSingle	单直线边框
Fixed3D	立体边框（凹陷）

当在属性窗口中设置该属性时，可以通过单击属性条右端的箭头，在下拉列表中选择。如果通过代码设置，则格式如下：

```
PictureBox1.BordStyle=属性值
```

其中属性值是枚举类型，BorderStyle 属性取值及含义如表 9-3 所示。

表 9-3　枚举类型 BorderStyle 属性取值及含义

属 性 值	含 义
BorderStyle. None	无边框
BorderStyle. FixedSingle	单直线边框
BorderStyle. Fixed3D	立体边框

例如：

```
PictureBox1.BorderStyle=BorderStyle.Fixed3D
```

（3）SizeMode 属性。SizeMode 属性用来设置图片框中图形的显示格式，可以取四种值，SizeMode 属性值及含义如表 9-4 所示。

表 9-4 SizeMode 属性值及含义

属 性 值	含 义
Normal	图形的左上角与图片框的左上角重合（默认），图形保持其原始尺寸，如果图形比控件大，则超过的部分被剪裁
StretchImage	自动调整图形大小以适应图片框的尺寸
AutoSize	自动调整图片框的尺寸以适应图形的大小
CenterImage	使图形在图片框中居中显示

当在属性窗口中设置时，可以通过单击属性条右端的箭头，在下拉列表中选择。如果通过代码设置格式如下：

PictureBox1.SizeMode=属性值

其中"属性值"是枚举类型 PictureBoxSizeMode，其取值及含义如表 9-5 所示。

表 9-5 PictureBoxSizeMode 取值及含义

取 值	含 义
PictureBoxSizeMode.Normal	图形的左上角与图片框的左上角重合（默认），图形保持其原始尺寸，如果图形比控件大，则超过的部分被剪裁
PictureBoxSizeModeStertchImage	自动调整图形大小以适应图片框的尺寸
PictureBoxSizeMode.AutoSize	自动调整图片框的尺寸以适应图形的大小
PictureBoxSizeMode.CenterImage	使图形在图片框中居中显示

例如：

```
Picture Box1.SizeMode=PictureBoxSizeMode .AutoSize
```

3．图片框的事件

与窗体一样，图片框可以接收 Click（单击）、DblClick（双击）事件。

9.2.4 图形文件的装入

所谓图形文件的装入，就是把 Visual Basic.NET 所能接收的图形文件装入图片框或其他的控件中。

图形文件可以在设计阶段装入，也可以在运行期间装入。在设计阶段，可以用两种方法装入图形文件。

（1）用属性窗口中的 Image 属性装入。可以通过 Image 属性把图形文件装入图片框、按钮等控件中。以图片框为例，操作步骤如下：

① 在窗体上建立一个图片框。

② 保持图片框为活动控件，在属性窗口中找到 Image 属性，单击该属性条，其右端出现一个小按钮，其上有三个点（…）。

③ 单击此按钮，弹出"打开"对话框，然后根据需要选择一个目录，并在该目录中选择所要装入的文件。

④ 单击"打开"按钮。

为了清除图片框中的图形，可以选择 Image 属性条，然后右击"…"按钮，并在弹出的菜单中选择"重置"命令。

（2）利用剪贴板把图形粘贴（Paste）到图片框中。操作步骤如下：

① 用 Windows 下的绘图软件（如 PhotoStyler，Coreldraw，Paintbrush，Photoshop 等）画出所需要的图形，并把该图形复制到剪贴板中。

② 在窗体上建立一个图片框，并保持活动状态。

③ 执行"编辑"菜单中的"粘贴"命令，剪贴板中的图形即出现在图片框中。

在运行期间，可以用 Image.FromFile 方法把图形文件装入图片框中，Image.FromFile 方法功能与 Image 属性基本相同，即用来把图形文件装入图片框，其一般格式为：

```
图片框名. Image =Image.FromFile("文件名")
```

这里的"文件名"指的是前面提到的各种格式的图形文件。Image.FromFile 方法与 Image 属性功能相同，但使用的时机不一样，前者在运行期间装入图形文件，而后者在设计的时候装入。

例如，假定在窗体上建立了一个名为 PictureBox1 的图片框。则用下面的语句：

```
PictureBox2.Image=Image.FromFile("d:\metafile \2.wmf")
```

可以把一个图元文件装入该图片框中。如果图片框中已有图形，则被新装入的图像覆盖。

装入图片框中的图形可能被复制到另一个图片框中，假定在窗体上再建立一个图片框 PicrureBox2，则用

```
PicrureBox2.Image=PicrureBox1.Image
```

可以把图片框中的 PicrureBox1 中的图形复制到图片框 PicrureBox2 中。

9.2.5 滚动条

滚动条控件包括两种：水平滚动条（HScrollBar）和垂直滚动条（VScrollBar），这两种滚动条不同于 Windows 内部的滚动条或 Visual Basic.NET 中那些附加在文本框、列表框、组合框或 MDI 窗体上的滚动条。Visual Basic.NET 提供的滚动条可用于自身不具备滚动条的控件，方便设计人员利用滚动条设定数据范围、进行数据输入等。

对于水平滚动条控件和垂直滚动条控件，它们除了放置的方向不同，其功能和操作是一样的。在滚动条两端各有一个滚动箭头，在滚动箭头之间有一个滚动滑块，单击箭头可以改变滑块的位置，也可以直接拖动滑块。当滑块的位置发生改变时，其值也在改变。水平滚动条的最左端代表最小值，最右端代表最大值，而垂直滚动条的最上端代表最小值，最下端代表最大值。Visual Basic.NET 规定其值的范围为−32768～32767。

1. 常用属性

（1）Value 属性。Value 属性（默认为 0）是个整数，它对应于滚动块在滚动条中的位置。当 Value 取最小值时，滚动块将移动到滚动条的最左端位置（水平滚动条）或顶端位置（垂直滚动条）。当 Value 取最大值时，滚动块将移动到滚动条的最右端位置或底端位置，取

其他值时，滚动块将位于滚动条的中间某一位置。

　　除了可用鼠标单击改变滚动条数值外，也可将滚动块沿滚动条拖动到任意位置。Value 值取决于滚动块的位置，但总是在用户所设置的 Min 和 Max 属性之间。

　　（2）Max 属性和 Min 属性。Min 属性值表示设定滚动范围的下界，即滑块位于滚动条的最左端或顶端时所代表的值。Max 属性值表示设定滚动范围的上界，即滑块位于滚动条的最右端或最底端时所代表的值。

　　（3）LargeChange 属性和 SmallChange 属性。LargeChange 属性返回或设置当用户单击滚动块和滚动箭头之间的区域时，滚动条控件（HscrollBar 或 VScrollBar）的 Value 属性值的改变量；SmallChange 属性返回或设置当用户单击滚动箭头时，滚动条控件的 Value 属性值的改变量。

2．常用事件

　　滚动条控件具有 Change 和 Scroll 事件，Change 事件在滚动块移动后发生，也就是说只要滚动条的 Value 值发生变化，就会触发 Change 事件。Scroll 事件在移动滚动块时发生，在单击滚动箭头或滚动条时不发生。

9.3 设 计 过 程

9.3.1 创建项目

　　（1）从 Windows 的"开始"菜单中，启动 Microsoft Visual Studio.NET。

　　（2）在 Visual Basic.NET 集成开发环境（IDE）中，选择"文件"→"新建项目"菜单命令，打开"新建项目"对话框。

　　（3）选择"Windows 应用程序"，然后单击"确定"按钮。IDE 中将显示一个新的窗体，并且项目所需的文件也将添加到"解决方案资源管理器"窗口中。同时系统默认应用程序项目的名称为"WindowsApplication1"。

9.3.2 创建用户界面

　　本例中，需要在窗体上建立 15 个标签 Label1～Label15、1 个文本框 TextBox1、1 个按钮 Button1、1 个分组框 GroupBox1、1 个图片框 PictureBox1、3 个组合框 ComboBox1～ComboBox3、1 个列表框 ListBox1 和 4 个垂直滚动条 VScrollBar1～VScrollBar4。

　　本例中窗体及其上各控件的属性值如表 9-6 所示。

表 9-6　窗体及其上各控件的属性值

对　象	属　性	属　性　值
窗体	（名称）	Form1（系统默认）
	Text	个性化签名
按钮 1	（名称）	Button1
	Text	重填

对　象	属　性	属　性　值
标签 1	（名称）	Label1
	Text	用户名：
标签 2	（名称）	Label2
	Text	字体
标签 3	（名称）	Label3
	Text	字形
标签 4	（名称）	Label4
	Text	字号
标签 5	（名称）	Label5
	Text	字体颜色
标签 6	（名称）	Label5
	Text	（空值）
分组框 1	（名称）	GroupBox1
	Text	预览
组合框 1	（名称）	ComboBox1
	Text	宋体
	Items	宋体 隶书 黑体
组合框 2	（名称）	ComboBox2
	Text	14
	Items	14 18 22 26 30
组合框 3	（名称）	ComboBox3
	Text	黑色
	Items	红色 蓝色 黑色 黄色
列表框 1	（名称）	ListBox1
	Items	常规 斜体 粗体 粗斜体
图片框 1	（名称）	PictureBox1
标签 7	（名称）	Label7
	Text	取值

续表

对　象	属　性	属 性 值
标签 8	（名称）	Label8
	Text	取值
标签 9	（名称）	Label9
	Text	可以调整背景色 可以调整透明度
标签 10	（名称）	Label10
	Text	取值
标签 11	（名称）	Label11
	Text	取值
标签 12	（名称）	Label12
	Text	透明度
标签 13	（名称）	Label13
	Text	蓝
标签 14	（名称）	Label14
	Text	绿
标签 15	（名称）	Label15
	Text	红
垂直滚动条 1	（名称）	VScrollBar1
	Maximum	255
	LargeChange	5
垂直滚动条 2	（名称）	VScrollBar2
	Maximum	255
	LargeChange	5
垂直滚动条 3	（名称）	VScrollBar3
	Maximum	255
	LargeChange	5
垂直滚动条 4	（名称）	VScrollBar4
	Maximum	255
	LargeChange	5

设计完的窗体界面如图 9-3 所示。

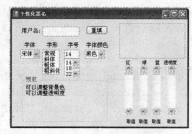

图 9-3　设计完的窗体界面

9.3.3　编写代码

本例中所有代码都编写在 Form1 类中。代码从功能角度分为类级变量声明、基本个性签名、签名背景颜色及透明度的改变和图片的加载 4 个部分，下面分别编写代码。

1．类级变量声明

在 Form1 的声明段内，编写如下代码：

Inherits System.Windows.Forms.Form 'Form1 类是 System.Windows.Forms.Form 的子类。

```
Dim strFont As String="宋体"
Dim intSize As Integer=14
Dim iniStyle As FontStyle=FontStyle.Regular
Dim a, r, g, b As Integer '设置背景颜色的变量
```

2．基本个性签名

（1）窗体的初始化。

```
Private Sub Form1_Load(ByVal sender As System.Object, _
ByVal e As System.EventArgs) Handles MyBase.Load
        a=VScrollBar4.Value
        r=VScrollBar1.Value
        g=VScrollBar2.Value
        b=VScrollBar3.Value
        Label11.Text=r
        Label10.Text=g
        Label7.Text=b
        Label8.Text=a
End Sub
```

（2）在预览区获得需要设计的签名内容。

```
Private Sub TextBox1_TextChanged(ByVal sender As System.Object, _
ByVal e As System.EventArgs) Handles TextBox1.TextChanged
        Label6.Text=TextBox1.Text '获得需要设计的签名内容
End Sub
```

（3）三个组合框的设计。

```
Private Sub ComboBox1_SelectedIndexChanged(ByVal sender As System.Object, _
        ByVal e As System.EventArgs) Handles ComboBox1.SelectedIndexChanged
    strFont=ComboBox1.Items(ComboBox1.SelectedIndex)
    Label6.Font=New Font(strFont, intSize, iniStyle)
End Sub
Private Sub ComboBox2_SelectedIndexChanged(ByVal sender As System.Object, _
        ByVal e As System.EventArgs) Handles ComboBox2.SelectedIndexChanged
    intSize=ComboBox2.Items(ComboBox2.SelectedIndex)
    Label6.Font=New Font(strFont, intSize, iniStyle)
    End Sub
Private Sub ComboBox3_SelectedIndexChanged(ByVal sender As System.Object, _
```

```
            ByVal e As System.EventArgs) Handles ComboBox3.SelectedIndexChanged
        Select Case ComboBox3.SelectedIndex
            Case 0
                Label6.ForeColor=Color.Red
            Case 1
                Label6.ForeColor=Color.Blue
            Case 2
                Label6.ForeColor=Color.Black
            Case 3
                Label6.ForeColor=Color.Yellow
        End Select
    End Sub
```

（4）列表框的设计。

```
Private Sub ListBox1_SelectedIndexChanged(ByVal sender As System.Object, _
ByVal e As System.EventArgs) Handles ListBox1.SelectedIndexChanged
        Select Case ListBox1.SelectedIndex
            Case 0
                iniStyle=FontStyle.Regular
            Case 1
                iniStyle=FontStyle.Italic
            Case 2
                iniStyle=FontStyle.Bold
            Case 3
                iniStyle=FontStyle.Bold Or FontStyle.Italic
        End Select
        Label6.Font=New Font(Label6.Font(), iniStyle)
End Sub
```

（5）命令按钮。

```
Private Sub Button1_Click(ByVal sender As System.Object, _
        ByVal e As System.EventArgs) Handles Button1.Click


    TextBox1.Text=""
    TextBox1.Focus()
 End Sub
```

3. 签名背景颜色及透明度的改变

```
Private Sub VScrollBar1_Scroll(ByVal sender As System.Object, ByVal e As _
        System.Windows.Forms.ScrollEventArgs) Handles VScrollBar1.Scroll
        r=VScrollBar1.Value
        Label11.Text=r
        Label9.BackColor=Color.FromArgb(a, r, g, b)
        Label6.BackColor=Color.FromArgb(a, r, g, b)
    End Sub
    Private Sub VScrollBar2_Scroll(ByVal sender As System.Object, ByVal e As _
        System.Windows.Forms.ScrollEventArgs) Handles VScrollBar2.Scroll
        g=VScrollBar2.Value
        Label10.Text=g
```

```
        Label9.BackColor=Color.FromArgb(a, r, g, b)
        Label6.BackColor=Color.FromArgb(a, r, g, b)
    End Sub
    Private Sub VScrollBar3_Scroll(ByVal sender As System.Object, ByVal e As _
        System.Windows.Forms.ScrollEventArgs) Handles VScrollBar3.Scroll
        b=VScrollBar3.Value
        Label7.Text=b
        Label9.BackColor=Color.FromArgb(a, r, g, b)
        Label6.BackColor=Color.FromArgb(a, r, g, b)
    End Sub
    Private Sub VScrollBar4_Scroll(ByVal sender As System.Object, ByVal e As _
        System.Windows.Forms.ScrollEventArgs) Handles VScrollBar4.Scroll
        a=VScrollBar4.Value
        Label18.Text=a
        Label9.BackColor=Color.FromArgb(a, r, g, b)
        Label6.BackColor=Color.FromArgb(a, r, g, b)
    End Sub
```

4. 图片的加载

```
Private Sub Form1_Load(ByVal sender As System.Object, ByVal e As
    System.EventArgs) _Handles MyBase.Load
    PictureBox1.SizeMode=PictureBoxSizeMode.StretchImage
    PictureBox1.Image=Image.FromFile("E:\book\vb.net\新 VB.NET 三级目录及样章
\Content\R8\WindowsApplication1\1.jpg")
    End Sub
```

9.3.4　运行和测试程序

运行调试程序可以选择"调试"→"启动调试"菜单命令或按 F5 键，也可以单击"工具栏"中的"启动调试"按钮。如果程序没有错误，程序运行结果如图 9-4 所示。

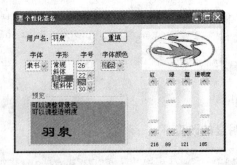

图 9-4　程序运行结果

9.4　操　作　要　点

9.4.1　获取当前应用程序的路径

Image.FromFile 方法可以把图形文件装入图片框中，例如：

用 Image.FromFile 方法，将 E:\book\vb.net \WindowsApplication1 文件夹中的 1.jpg 图片装入到 PictureBox1 图片框中的语句为：

PictureBox1.Image=Image.FromFile("E:\book\vb.net\WindowsApplication1\1.jpg")。

这里指明的图片文件包含了它所在的完整的路径。很显然，这样编写程序不利于程序的移植。

通常程序中所带的各类图形文件都放在应用程序所在的目录下。因此在实际的编程中，通常使用 Application.StartupPath 属性来获取相关应用程序的可执行文件的路径。因此，如果当前应用程序的路径上有图片文件 1.jpg，上边的语句就可以写为：

PictureBox1.Image=Image.FromFile (Application.StartupPath & \ & "1.jpg")。

应该注意的是，Application.StartupPath 属性只获取相关应用程序的路径，不包括文件名。如果想获得包括应用程序名在内的最完整的路径，可以用 Application.ExecutablePath 属性获得。

9.4.2 操作小技巧

1. Frame 框架的使用

前面提到单选按钮的一个特点是当选定其中的一个时，其余的会自动关闭。当需要在同一个窗体中建立几组相互独立的单选按钮时，就需要用框架（Frame）将每一组单选按钮框起来，这样在一个框架内的单选按钮形成一组，对它们的操作不会影响到框架以外的单选按钮。另外，如将其他类型的控件用框架框起来，还可提供视觉上的区分和总体的激活或屏蔽特性。

在窗体上创建框架及其内部控件时，必须先建立框架，然后再建立其中的各种控件。而且，创建框架中的控件不能使用双击工具箱上工具的自动方式，应该先单击工具箱上的工具，然后用出现的"+"指针在框架中适当位置拖拉出合适大小的控件。如果要用框架将现有的控件分组，则应先选定控件，将它们剪切（Ctrl+X 组合键）到剪切板中，再选定框架将剪切板上的控件粘贴（Ctrl+V 组合键）到框架上。

Frame 框架也可用于对其他控件进行分组。

2. Frame 框架的常用属性

（1）Caption 属性。该属性用于设置框架上的标题名称。如果 Caption 属性值为空字符，则框架为封闭的矩形框，但是框架中的控件仍然和单纯用矩形框起来的控件不同。

（2）Enabled 属性。该属性用于设置框架是否响应用户生成的事件。其属性值为逻辑型，即 True 和 False。值为 True，则响应用户生成的事件（默认设置）；值为 False，则程序运行时该框架在窗体中的标题正文为灰色，框架内的所有对象均被屏蔽，不允许用户对其进行操作。

（3）Visible 属性。该属性用于设置框架在运行时是否可见。其属性值为逻辑型，即 True 和 False。值为 True，则程序运行时框架可见（默认设置）；值为 False，则程序运行时，框架及其所包含的所有控件全部被隐藏起来。

 注意

框架内的所有控件将随框架一起移动、显示、消失和屏蔽。

9.5 实 训 项 目

【实训 9-1】 英语单词翻译

1. 实训目的

熟练掌握列表框的使用。

2. 实训要求

（1）在列表框中添加预先设定好的英文单词。

（2）单击列表框中的某个单词，在标签中显示该单词的中文解释。

程序的设计界面与运行界面如图 9-5 所示。

【实训 9-2】 设置字体

1. 实训目的

熟练掌握两种滚动条的使用。

2. 实训要求

（1）利用垂直滚动条控制标签中文字的颜色（红、黄和蓝），其中最小值为 1，最大值为 3，垂直滚动条的最大变化值为 1。

（2）利用水平滚动条控制标签中文字的大小，其中最小值为 10，最大值为 80。

程序的设计界面与运行界面如图 9-6 所示。

（a）程序设计界面　　　　　　（b）程序运行界面

图 9-5 【实训 9-1】程序的设计界面与运行界面

（a）程序设计界面　　　　　　（b）程序运行界面

图 9-6 【实训 9-2】程序的设计界面与运行界面

任务 10

编写一个用户登录程序

10.1 任务要求

编写一个用户登录程序。当用户输入密码正确时，弹出对话框，并在其上显示"密码正确!"，然后进入 Form2，在该窗体上显示一个电子台历，利用系统日期和时间在电子台历上显示年月日、星期和时间；若密码错误，则在其上显示"密码错误，请重新输入!"，然后返回 Form1。运行程序，输入错误密码，运行结果如图 10-1 的（a）所示，输入正确密码，运行结果如图 10-1 的（b）所示。

图 10-1 运行结果

10.2 知识要点

在编写程序过程中，对键盘和鼠标的应用也十分常见，本节主要介绍在 VB.NET 中常用的键盘事件和鼠标事件。

10.2.1　键盘事件

在程序运行期间，当用户按下键盘按键时，就会产生键盘事件。键盘事件主要有：KeyPress、KeyDown 和 KeyUp。

1. KeyPress 事件

在程序运行期间，如果需要知道是哪个键被用户敲击了，则使用 KeyPress 事件。KeyPress 事件过程的语法格式为：

```
Private Sub 对象名_KeyPress(ByVal sender As Object, _
    ByVal e As System.Windows.Forms.KeyPressEventArgs) Handles 对象名.KeyPress
<语句体>
End Sub
```

其中：

对象名：响应该事件的窗体或控件对象的名称，该对象必须具有焦点。

sender：传递产生事件的对象。

e：传递针对要处理的事件的对象，即 KeyPressEventArgs 类的对象，通过此参数可以调用 KeyPressEventArgs 类中的 KeyChar 属性，该属性值为与按下的键对应的字符。例如：

```
Label1.Text=e . KeyChar
```

该语句的作用是将用户按下的键所对应的字符显示在标签中，如果只按下某个按键，则 KeyChar 的属性值为该按键的小写形式；如果按下 Shift 键的同时也按下某个键，则 KeyChar 的属性值为该按键的大写形式。

注意

（1）KeyPress 事件过程中的 e.KeyChar 属性用来获取按键所对应的字符，它是只读属性，不能给它赋值，例如：

```
e.KeyChar="A"
```

是错误的。

（2）在默认情况下，控件的键盘事件优先于窗体的键盘事件，因此在发生键盘事件时，总是先激活控件的键盘事件。如果希望窗体先接收键盘事件，则必须把窗体的 KeyPreview 属性设置为 True，否则不能激活窗体的键盘事件。

（3）通过 KeyPress 事件过程可以修改键入的字符，使得控件中显示修改后的字符，而不是用户输入的字符。

2. KeyDown 事件和 KeyUp 事件

在程序运行期间，当用户按下键盘上的某个键时，就会触发 KeyDown 事件；当用户松开某个键时，就会触发 KeyUp 事件。KeyDown 事件的语法格式为：

```
Private Sub 对象名_KeyDown (ByVal sender As Object, _
ByVal e As System.Windows.Forms.KeyPressEventArgs) Handles 对象名.KeyDown
    <语句体>
End Sub
```

KeyUp 事件的语法格式为：

```
Private Sub 对象名_KeyUp (ByVal sender As Object, _
ByVal e As System.Windows.Forms.KeyPressEventArgs) Handles 对象名.KeyUp
        <语句体>
End Sub
```

其中：

对象名：响应该事件的窗体或控件对象的名称，该对象必须具有焦点。

sender：传递产生事件的对象。

e：传递针对要处理的事件的对象，即 KeyPressEventArgs 类的对象，通过此参数可以调用 KeyPressEventArgs 类中的 KeyCode 属性，该属性值为与按下或松开的键对应的字符 ASCII 码。可以通过 Chr() 函数来将按键的 ASCII 码值转化为对应的键值，显示出被按下或松开键的字符。

一般使用 KeyDown 事件和 KeyUp 事件过程来处理任何不被 KeyPress 识别的按键，例如，功能键、编辑键、定位键，以及任何这些键和键盘换档键的组合。

10.2.2 鼠标事件

当鼠标在窗体或对象上移动或按下鼠标的按键时，会触发鼠标事件。最常用的鼠标事件主要有：Click、DoubleClick、MouseMove、MouseDown 和 MouseUp 事件。

1. Click 和 DoubleClick 事件

（1）Click 事件。程序运行时，当用户在窗体的空白区域上或控件对象上单击鼠标左键时，就会触发 Click 事件。

（2）DoubleClick 事件。程序运行时，当用户在窗体的空白区域上或控件对象上双击鼠标左键时，就会触发 DoubleClick 事件。

注意

如果 DoubleClick 事件在系统双击时间限制内没有出现，则对象识别为一个 Click 事件，不接受 DoubleClick 事件的控件可能接受两次单击事件。

2. MouseMove、MouseDown 和 MouseUp 事件

当移动鼠标或按下、松开鼠标左键的时候就会分别触发 MouseMove、MouseDown 和 MouseUp 事件，三个事件的语法格式分别为：

（1）MouseMove 事件。

```
Private Sub 对象名_MouseMove(ByVal sender As Object, _
ByVal e As System.Windows.Forms.MouseEventArgs) Handles 对象名.MouseMove
            <语句体>
    End Sub
```

（2）MouseDown 事件。

```
Private Sub 对象名_MouseDown (ByVal sender As Object, _
```

```
ByVal e As System.Windows.Forms.MouseEventArgs) Handles 对象名.MouseDown
        <语句体>
    End Sub
```

（3）MouseUp 事件。

```
Private Sub 对象名_MouseUp (ByVal sender As Object, _
ByVal e As System.Windows.Forms.MouseEventArgs) Handles 对象名.MouseUp
        <语句体>
    End Sub
```

其中：

对象名：响应该事件的窗体或控件对象，该对象必须具有焦点。

sender：传递产生事件的对象。

e：传递针对要处理的事件对象，即 MouseEventArgs 类的对象；通过参数 e 可以调用 MouseEventArgs 类中的 X 属性和 Y 属性，这两个属性值为鼠标指针的水平和垂直坐标值；如果需要知道用户按下或松开的是哪个鼠标键，可以使用参数 e 调用 MouseEventArgs 类中的 Button 属性，该属性值为 Left 时，表示鼠标左键，属性值为 Middle 时，表示鼠标中间键，属性值为 Right 时，表示鼠标右键。

10.2.3　计时器

Visual Basic.NET 可以利用系统内部的计时器 Timer 计时，计时器 Time 响应时间的触发，主要触发 Timer 事件，可以有规律地隔一段时间执行一次代码，即可以实现每隔一段固定时间就执行一次相同任务。Timer 控件在设计时可见，在运行时是不可见的，所以它的位置无关紧要，在工具箱中双击它即完成了创建。

1．重要属性

Timer 控件有两个重要属性就是 Enabled 和 Interval 属性。

（1）Enabled 属性。指定计时器是否能响应 Timer 事件，相当于启动或关闭定时器的开关。如果希望窗体加载后定时器就开始工作，应将此属性设置为 True；否则，保持默认属性 False。在实际编程中，常常利用其他外部事件启动计时器。

例如，在单击"计时开始"命令按钮事件中，让计时器开始计时工作，需要将 Timer 的 Enabled 属性设置为 True。

（2）Interval 属性。返回或设置触发 Timer 事件的时间间隔毫秒数。

例如，设定 Interval 属性值为 1000 毫秒，相当于 1 秒，则 Timer 事件每一秒触发一次。

Interval 属性值为 0 时，计时器控件不工作，这与 Enabled 属性设置为 False 时的功能是等同的。

2．重要事件

Timer 控件只有一个事件，就是 Timer 事件。无论何时，只要 Timer 控件的 Enabled 属性为 True 并且 Interval 属性值大于 0，则 Timer 事件以 Interval 属性指定的时间间隔发生。

【例 10-1】 设计一个显示系统时间的程序，程序设计界面如图 10-2 所示，单击"当前系统时间"按钮，将在标签中出现当前系统时间，若单击"结束"按钮，则结束程序。

图 10-2 程序设计界面

 **设计步骤**

① 新建一个项目，系统默认生成的第一个窗体名称为 Form1。

② 设计界面，用一个标签显示系统时间，再添加两个按钮，最后添加一个计时器。

③ 设置控件属性，属性设置如表 10-1 所示。

表 10-1 属性设置

对　　象	属　　性	属　性　值
窗体	Text	显示系统时间
	（名称）	Form1（系统默认）
标签 1	Text	Label1
	Font	宋体　粗体 四号
	（名称）	Label1
命令按钮 1	Text	当前系统时间
	（名称）	Button1
命令按钮 2	Text	结束
	（名称）	Button2
计时器	Enabled	False
	Interval	100
	（名称）	Timer1（系统默认）

④ 代码编写如下。

```
Private Sub Button1_Click(ByVal sender As System.Object, _
ByVal e As System.EventArgs) Handles Button1.Click

     Timer1.Enabled=True
     Timer1.Interval=1000
End Sub
Private Sub Button2_Click(ByVal sender As System.Object, _
ByVal e As System.EventArgs) Handles Button2.Click
     End
```

```
    End Sub
Private Sub Timer1_Tick(ByVal sender As System.Object, _
ByVal e As System.EventArgs) Handles Timer1.Tick
    Label1.Text=TimeOfDay()
End Sub
```

程序运行结果如图 10-3 所示。

图 10-3   程序运行结果

10.3 设 计 过 程

10.3.1   创建项目

（1）从 Windows 的"开始"菜单中，启动 Microsoft Visual Studio.NET。

（2）在 Visual Basic.NET 集成开发环境（IDE）中，选择"文件"→"新建项目"菜单命令，打开"新建项目"对话框。

（3）选择"Windows 应用程序"，然后单击"确定"按钮。IDE 中将显示一个新的窗体，并且项目所需的文件也将添加到"解决方案资源管理器"窗口中。同时系统默认应用程序项目的名称为"WindowsApplication1"。

10.3.2   创建用户界面

本例中，需要两个窗体 Form1 和 Form2，因此，可先通过"项目"主菜单添加一个新的窗体，然后再分别进行设计。

1．Form1 窗体

需要在窗体 Form1 上建立 1 个标签 Label1 和 1 个文本框 TextBox1，文本框用于用户输入密码（通过程序代码设计的密码为 1234）。

Form1 窗体及其上各控件的属性值如表 10-2 所示。

表 10-2　Form1 窗体及其上各控件的属性值

对　　象	属　　性	属　性　值
窗体	（名称）	Form1（系统默认）
	Text	密码验证
标签 1	（名称）	Label1
	Text	请输入密码：

对　象	属　性	属　性　值
文本框 1	（名称）	TextBox1
	Text	（空值）
	PasswordChar	*

设计完的窗体界面如图 10-4 所示。

图 10-4　设计完的窗体界面

2. Form2 窗体

需要在窗体 Form2 上建立 4 个标签 Label1～Label4、1 个时间控件 Timer1 和 1 个面板控件 Panel1，其中，Label2～Label4 分别用来显示系统日期、星期和系统时间，时间控件用来控制系统时间变化的最小单位。

Form2 窗体及其上各控件的属性值如表 10-3 所示。

表 10-3　Form2 窗体及其上各控件的属性值

对　象	属　性	属　性　值
窗体	（名称）	Form2（系统默认）
	Text	电子台历
标签 1	（名称）	Label1
	Text	台历
	FontName	隶书
	FontSize	20
标签 2	（名称）	Label2
	Text	""
	FontName	宋体
	FontSize	16
标签 3	（名称）	Label3
	Text	""
	FontName	隶书
	FontSize	22
标签 4	（名称）	Label4
	Text	""
	FontName	隶书
	FontSize	12

续表

对　象	属　性	属　性　值
计时器 1	（名称）	Timer1（系统默认）
	Enabled	True
	Interval	1000
面板 1	（名称）	Panel1
	BorderStyle	FixedSingle

设计完的窗体界面如图 10-5 所示。

图 10-5　设计完的窗体界面

10.3.3　编写代码

本例中有两个窗体，分别在其代码窗口编写代码。

1. Form1 窗体

以下代码都编写在 Form1 类中。

```
Private Sub TextBox1_KeyPress(ByVal sender As Object, ByVal e As _
System.Windows.Forms.KeyPressEventArgs) Handles TextBox1.KeyPress
    Static password As String '设置密码
    Static counter As Short '记录密码长度
    Static times As Short '对输入口令的字符计数，每按键一次其值加1
    times += 1
     '密码由三个字符组成，三次输入的密码字符都不正确，则结束程序

    If times=12 Then  End
    counter=counter + 1
    password=password + e.KeyChar
    If password="1234" Then
        TextBox1.Text=""
        password=""
        MsgBox("密码正确！")
        counter=0
        Form2.Show()
    ElseIf counter=4 Then
```

```
            counter=0
            password=""
            TextBox1.Text=""
MsgBox("密码错误，请重新输入！")
        End If
    End Sub
```

2. Form2 窗体

以下代码都编写在 Form2 类中。

```
Private Sub Timer1_Tick(ByVal sender As System.Object, _
 ByVal e As System.EventArgs) Handles Timer1.Tick
        Label2.Text=Today()
        Label4.Text="北京时间： " & TimeOfDay()
        Select Case Weekday(Now)
            Case 1
                Label3.Text="星期日"
            Case 2
                Label3.Text="星期一"
            Case 3
                Label3.Text="星期二"
            Case 4
                Label3.Text="星期三"
            Case 5
                Label3.Text="星期四"
            Case 6
                Label3.Text="星期五"
            Case 7
                Label3.Text="星期六"
        End Select
End Sub
```

10.3.4　运行和测试程序

运行调试程序可以选择"调试"→"启动调试"菜单命令或按 F5 键，也可以单击"工具栏"中的"启动调试"按钮。如果程序没有错误，程序运行结果如图 10-6 所示。

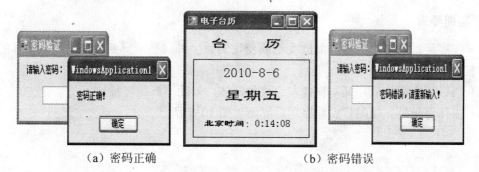

　　（a）密码正确　　　　　　　　　　（b）密码错误

图 10-6　程序运行结果

10.4 操 作 要 点

10.4.1 计时器的工作条件

计时器控件的工作条件有两个

（1）Enabled 属性值为 True。

（2）Interval 属性值大于零。

只有当两个条件同时满足时，计时器控件才能正常工作。

10.4.2 计时器 Timer 事件的工作过程

计时器的重要事件就是 Timer 事件，当计时器控件的两个工作条件满足时，Timer 事件的工作过程是每隔一个 Interval 的时间间隔，就执行一次 Timer 事件中的代码。

10.4.3 操作小技巧

在实际的编程中，如何适时地启动计时器控件也是比较关键的一步。通常，都是通过外部事件来启动的。首先，在建立计时器控件时，让其两个工作条件中的一个不满足，这样，当程序开始运行时，计时器控件先处于不工作状态，然后再通过某个外部事件，让计时器最初不满足的这个条件值改变，从而满足计时器的工作条件，当两个条件同时满足时，就启动了计时器控件。

10.5 实 训 项 目

【实训 10-1】 会移动的时间。

1. 实训目的

（1）熟练掌握 Timer 控件的两个常用属性 Enabled 和 Interval。

（2）熟练掌握 Timer 事件的触发机制及其应用方法。

2. 实训要求

（1）程序运行后，一个随时间改变不断变化的数字钟（显示日期和时间）从窗体的左边水平向右移动。

（2）当钟移出窗体后，又从窗体左边移入窗体，如此不断循环播放。

（3）窗体背景是一幅图片。程序运行界面如图 10-7 所示。

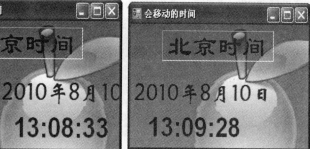

图 10-7　【实训 10-1】程序运行界面

任务 11

设计一个简单的
文档编辑器

11.1 任务要求

编写一个简单的文档编辑器程序，分别通过菜单和通用对话框实现对文本的编辑与格式化。运行界面如图 11-1 所示。

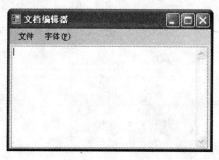

图 11-1　运行界面

11.2　知　识　要　点

11.2.1　菜单类型

菜单由若干个命令、分隔条、子菜单标题等菜单项组成，分为下拉式菜单和弹出式菜单两种类型。

1. 下拉式菜单

下拉式菜单通常以菜单栏的形式出现在窗口标题栏的下面，其组成与结构如图 11-2 所示。

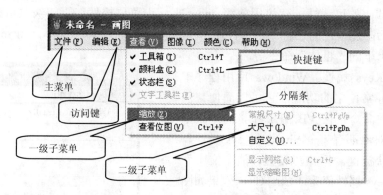

图 11-2　下拉式菜单的组成与结构

2. 弹出式菜单

弹出菜单也称为浮动菜单，是独立于菜单栏显示在用户界面上的。其菜单项取决于右击鼠标时指针所处的位置，通常包含的是该对象最常用的操作命令。因此，弹出式菜单也称为快捷菜单。在 Windows 系统中，几乎在每一个对象上右击鼠标都可以显示相应的弹出式菜单。如图 11-3 是在窗体上右击鼠标时弹出的快捷菜单。

图 11-3　弹出的快捷菜单

3. 菜单控件

在 VB.NET 中菜单的设计不再像 VB 6.0 中使用菜单编辑器，而是使用控件来进行设计。下拉式菜单使用 MenuStrip 控件设计，弹出式菜单使用 ContextMenuStrip 控件设计。

11.2.2　菜单控件

1．菜单控件的常用属性

（1）Text 属性。该属性用于设置菜单控件显示的标题内容。

设置菜单项的访问键，需要在 Text 属性中在显示的文本内容后面加上一个"&"字符。例如，输入"字体(&F)"，显示为"字体(F)"。使用访问键时，对于主菜单，按住 Alt+访问键可打开相应的菜单；对于子菜单命令，只需按访问键，即可执行相应的菜单命令。

如果在 Text 属性中只输入一个减号"-"，可创建菜单中的分隔条。

（2）Name 属性。该属性用于设置菜单控件各项的名称，其命名方式必须符合标识符的命名规则，且该属性值不能为空。注意：即使对分隔条也得定义名称。

为提高程序代码的可读性，建议用前缀 mnu 来标识菜单控件，下一级菜单控件的名称在上一级的名称后附加自己的名称。例如，用 mnuFont 表示"字体"菜单，用 mnuFontBold 表示"字体"菜单下的"粗体"命令等。

（3）ShortcutKeys 属性。Windows 应用程序中的快捷键是我们经常使用的功能，它可以简便、快速地执行某个菜单命令。在 VB.NET 中，每个菜单项（MenuItem）对象都有一个 ShortcutKeys 属性，该属性用来设置快捷键。例如，设置"清空文本"菜单的 ShortcutKeys 属性值为"Ctrl+C"，效果如图 11-4 所示。

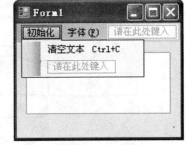

图 11-4　ShortcutKeys 属性的使用效果

（4）RadioCheck 属性。RadioCheck 属性用于设置在选中菜单项对象时是单选还是复选，当属性值为 True 时，为单选；当属性值为 False（默认值）时，为复选。

（5）DefaultItem 属性。DefaultItem 属性用于设置菜单项对象是否为默认菜单项对象，当属性值为 False（默认值）时，表示当前菜单不是默认菜单项对象；当属性值为 True 时，该菜单项对象将加粗显示在菜单中。

2．菜单控件的常用事件

菜单项对象最常用的事件是 Click 事件。当用户单击某个菜单项对象时，会触发相应的 Click 事件。

3．菜单的建立

建立如图 11-5 所示的"工具箱"菜单，通过下拉式菜单中的命令控制文本框中文本的大小和样式。

下拉式菜单设计步骤如下：

（1）把 Visual Studio .Net 的当前窗口切换到"Form1.vb（设计）"窗口，并从"工具箱"菜单中的"菜单和工具栏"选项卡（如图 11-5 所示）中双击 MenuStrip 控件，则在窗体上建立一个 MenuStrip1 对象，如图 11-6 所示。

图 11-5　"工具箱"菜单　　　　图 11-6　建立一个 MenuStrip1 对象

（2）在"请在此处键入"区域上分别建立如图 11-7 所示的两个菜单。

图 11-7　两个菜单

11.2.3　菜单项的控制

1. 有效性控制

有一些命令在执行时需要一定的条件，例如，当文本框内没有内容时，"清空文本"命令失效，当文本框内有内容时，"清空文本"命令有效（如图 11-8 所示）。

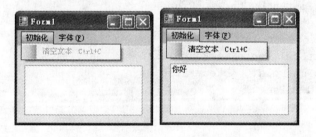

图 11-8　"清空文本"命令的有效性

设置"有效"属性值时，相当于设置 Enabled 属性，目的是用来设置菜单项在程序运行期间是否可用，即是否响应相应的事件。

例如，当文本框内无内容时，"清空文本"菜单项的 Enabled 属性值为 False；当在文本框内添加文本内容时，"清空文本"菜单项的 Enabled 属性值为 True。代码如下：

```
Private Sub Form1_Load(ByVal sender As Object, _
ByVal e As System.EventArgs) Handles Me.Load
    If TextBox1.Text="" Then
```

```
            mnuClear.Enabled=False
        Else
            mnuClear.Enabled=True
        End If
End Sub
Private Sub TextBox1_TextChanged(ByVal sender As Object, _
ByVal e As System.EventArgs) Handles TextBox1.TextChanged
        If TextBox1.Text="" Then
            mnuClear.Enabled=False
        Else
            mnuClear.Enabled=True
        End If
 End Sub
```

2. 菜单项的复选标记

有些菜单项对应的命令表示的是一种开关状态。所谓"开关状态"，是指该命令只在两种可选的状态之间切换，就像电灯的开关，按一下，电灯被打开，再按一下，电灯被关闭。

菜单的 Checked 属性就能实现这样的功能。当这个属性值为 True 时，其左侧的方框内出现一个"√"，当这个属性值为 False 时，其左侧方框内的"√"消失。

例如，通过"粗体"菜单项设置文本框内的字体为粗体，当设置文本框内的字体为粗体时，"粗体"菜单项的 Checked 属性值为 True；当取消该设置时，粗体"菜单项的 Checked 属性值为 False，代码如下：

```
Dim bold As Boolean
Private Sub mnuFontBold_Click(ByVal sender As System.Object, _
ByVal e As System.EventArgs) Handles mnuFontBold.Click
        If bold=False Then
            TextBox1.Font=New Font(TextBox1.Font, FontStyle.Bold)
            mnuFontBold.Checked=True
            bold=True
        ElseIf bold=True Then
            TextBox1.Font=New Font(TextBox1.Font, 0)
            mnuFontBold.Checked=False
            bold=False
        End If
End Sub
```

程序运行结果如图 11-9 所示。

图 11-9　程序运行结果

3．菜单项的增减

菜单项的增减包含两种情况，一种是主菜单项的增减，例如，有的程序菜单栏中只有当用户打开或创建一个文件后，"帮助"主菜单才能看得见；另一种情况是主菜单项下边菜单项的增减，例如，只有用户对主菜单用"客户服务"→"用户注册"菜单命令进行操作，其"注销用户"菜单项才会显示出来。

实现菜单项的增减可以通过设置 Visible 属性进行控制，程序再运行时，Visible 属性被设为 False 的菜单将不出现在菜单中。只有在程序中再次设置 Visible 属性值为 True，才能使这个菜单命令可见。

11.2.4　弹出式菜单

在 VB.NET 中，弹出式菜单是通过 ContextMenuStrip 控件（如图 11-10 所示）设计的，将控制文本大小的字号菜单项设计为弹出式菜单，设计步骤为：

（1）把 Visual Studio .Net 的当前窗口切换到"Form1.vb（设计）"窗口，并从"工具箱"中的"菜单和工具栏"选项卡（如图 11-5 所示）中双击 ContextMenuStrip 控件，则在窗体上建立一个 ContextMenuStrip1 对象，如图 11-10 所示。

（2）在"请在此处键入"区域上分别建立如图 11-11 所示的字号菜单。

图 11-10　弹出式菜单的设计

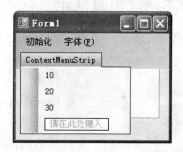

图 11-11　字号菜单

（3）对于其他组件，只需把组件的"Context-MenuStrip"属性值设置为设计好的弹出式菜单名称，这样当在此组件中右击鼠标时，就会弹出对应的弹出式菜单。

例如，将文本框对象 TextBox1 的 ContextMenuStrip 属性值设置为"ContextMenuStrip1"，且在代码窗口中编写代码如下：

```
Private Sub ToolStripMenuItem3_Click(ByVal sender As System.Object, _
ByVal e As System.EventArgs) Handles ToolStripMenuItem3.Click
        TextBox1.Font=New Font(TextBox1.Font.FontFamily, 10)
        ToolStripMenuItem3.Checked=True
        ToolStripMenuItem4.Checked=False
        ToolStripMenuItem5.Checked=False
    End Sub
Private Sub ToolStripMenuItem4_Click(ByVal sender As Object, _
ByVal e As System.EventArgs) Handles ToolStripMenuItem4.Click
        TextBox1.Font=New Font(TextBox1.Font.FontFamily, 20)
        ToolStripMenuItem4.Checked=True
        ToolStripMenuItem3.Checked=False
        ToolStripMenuItem5.Checked=False
```

```
    End Sub
Private Sub ToolStripMenuItem5_Click(ByVal sender As Object, _
ByVal e As System.EventArgs) Handles ToolStripMenuItem5.Click
    TextBox1.Font=New Font(TextBox1.Font.FontFamily, 30)
    ToolStripMenuItem5.Checked=True
    ToolStripMenuItem4.Checked=False
    ToolStripMenuItem3.Checked=False
End Sub
```

程序运行结果如图 11-12 所示。

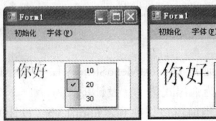 

图 11-12　程序运行结果

11.2.5　通用对话框

在使用 Windows 应用程序时，用户往往可以看到打开（Open）、保存（Save As）、打印（Print）、颜色（Color）、字体（Font）等对话框，用户使用起来很方便。VB.NET 提供了 5 种控件（如图 11-13 所示），分别为 OpenFileDialog、SaveFileDialog、PrintDialog、ColorDialog 和 FontDialog，在实际程序开发中使用以上 5 种控件时应先根据开发需求设置其相应的属性，然后用 ShowDialog()方法将通用对话框显示出来。

图 11-13　通用对话框五种控件

1．"打开"对话框

"打开"对话框在应用程序中经常用到，其功能是系统按用户指定的驱动器和目录下的文件名，将文件打开。在 Visual Basic.NET 中提供了 OpenFileDialog 控件实现打开对话框的功能。

（1）主要属性。

① 文件名称（FileName）。用来给出对话框中"文件名"区域中文件名的初始值。用户在对话框中的文件列表框中选中的文件名也放在此属性中，即用它能设置和返回选中的文件名。

② 初始化路径（InitDirectory）。用来指定初始的目录，若不设置该属性，系统默认显示当前目录。用户选定的目录也放在此属性中，即用它能设置和返回选中的目录名。

③ 过滤器（Filter）。用来指定在对话框的文件列表框中列出的文件类型。在打开文件时，由于文件的数目很多，列表框无法全部显示出来，所以往往需要根据实际情况进行"过滤"，即"过滤"出用户所需要类型的文件。

指定过滤器属性的格式如下：

描述符 1|过滤符 1|描述符 2|过滤符 2|……

例如，AllFile(*.*)|*.*|(.bmp)|*.bmp|(.vbp)|*.vbp|

描述符 1，描述符 2……是将要显示在"打开文件对话框"中"文件类型"下拉列表框中的文字说明，是供用户查看的，将按描述符的原样显示出来，如上面描述符 1 已指定为"AllFile（*.*）"，在"打开文件对话框"的"文件类型"列表框中按原样显示"AllFile（*.*）"。如果用户在设置时不写 AllFile 而写"全部文件"，就会在打开文件对话框中的"文件类型"列表框中显示"全部文件"字样。

过滤符是有严格规定的，由通配符和文件扩展名组成，例如，"*.*"表示选择全部文件，"*.vbp"是选择.vbp 类文件。"描述符|过滤符"是成对出现的，缺一不可。Filter 属性由一对或多对"描述符|过滤符"组成，中间以"|"相隔。

④ 默认扩展名（DefaultExt）。用来显示对话框的默认扩展名（即指定默认的文件类型）。如果用户输入的文件名不带扩展名，则自动将此默认扩展名作为其扩展名。

⑤ 过滤器索引（FilterIndex）。用来指定在对话框中"文件类型"栏中显示的默认的过滤符，第一项的索引值为 1。在指定过滤器属性时，如有多个文件类型，则按序排为 1，2，3，……。若 FilterIndex=2，则打开对话框时，"文件类型"栏中自动显示的是第二项过滤符（即过滤符 2）。

⑥ 对话框标题（Title）。设置显示在打开对话框标题栏中的字符。

⑦ 检查文件存在（CheckFileExists）。指示当用户指定不存在的文件时是否显示警告。当其值为 True（默认值）时，显示警告；当其值为 False 时，不显示警告。

⑧ 检查路径存在（CheckPathExists）。在从对话框返回前，检查指定的路径是否存在。

⑨ 是否多选（Multiselect）。设置是否可以在该对话框中选择多个文件。其值为 False（默认值）时，不可以多选；其值为 True 时，可以进行多选。

⑩ 只读检查（ReadOnlyChecked）。设置该对话框中只读复选框的状态。

⑪ 只读复选框（ShowReadOnly）。设置是否在该对话框中显示只读复选框。

在上述各项中，有些选项系统给出了默认值，有些需要用户根据需要设定。设置"打开"对话框的属性可以通过属性窗口完成，也可以在代码中完成。

例如，在"打开"对话框属性窗口中可以设置如下的初始值。

● 对话框标题：打开文件。

● 初始化路径：C:\Program Files。

● 过滤器：AllFile[*.*]|*.*|项目文件(.sln)|*.sln。

然后单击"确定"按钮，完成参数的设置。

在"打开文件"按钮事件过程中，编写如下代码同样可实现上述功能。

Private Sub Button1_Click(ByVal sender As System.Object, _

```
ByVal e As System.EventArgs) Handles Button1.Click
    OpenFileDialog1.Filter="AllFile[*.*]|*.*|项目文件(.sln)|*.sln"
    OpenFileDialog1.InitialDirectory="C:\Program Files"
    OpenFileDialog1.ShowDialog()
End Sub
```

程序运行开始，单击窗体上的"打开文件"命令按钮，弹出"打开文件"对话框，如图

11-14 所示。

图 11-14 "打开文件"对话框

从图中可以看到，在列表框中列出了指定路径"C:\Program Files"下的全部文件名。在"文件类型"组合框中，显示出程序代码中指定的过滤器描述符"AllFile[*.*]"和"项目文件(*.sln)"，如果选中"AllFile[*.*]"，则按其对应的过滤符"*.*"的含义，在上面的列表框中显示所有文件。如果选择"项目文件(*.sln)"，则按其对应的过滤符"*.sln"的含义，在上面列表框中显示其扩展名为.sln 的文件名。

（2）主要方法。

① Dispose 方法。用来释放被对话框使用的所有资源。

② OpenFile 方法。以只读方式打开在对话框中所选择的文件，要打开的文件由 FileName 属性指定。该方法提供了以只读方式打开文件的简便方法，如果不使用该方法，则必须设置 ShowReadOnly 和 ReadOnlyChecked 属性，并在对话框中选择只读复选框。

③ ShowDialog 方法。显示对话框。用该方法可以显示"打开"对话框。例如：

```
OpenFileDialog1.ShowDialog()
```

（3）主要事件。

① FileOk 事件。当用户单击文件对话框中的"打开"按钮时，触发该事件。

② HelpRequest 事件。当用户单击通用对话框中的"帮助"按钮时触发该事件。注意，为了使用该事件，必须把对话框控件的 ShowHelp 属性设置为 True。

需要说明：当用户选择了其中一个文件名并单击"打开"按钮后，并没有实际执行打开一个文件的操作。如果要打开该文件，还应该编写相应的程序段进行处理。

2．"保存"对话框

建立一个"保存"对话框使用的控件是 SaveFileDialog，其建立的过程与建立"打开"对话框的过程相似，既可以在设计阶段通过属性窗口进行设置，也可以在程序运行阶段设置各属性值。此外，"保存"对话框与"打开"对话框所应用的属性大部分都相同，与 OpenFileDialog 控件不同的属性主要有两个，即 CreatPrompt 属性和 OverwritePrompt 属性。

（1）CreatPrompt 属性。该属性值是一个 Boolean 值，用来确定当用户指定的文件不存在时，对话框是否提示用户允许建立该文件。如果把该属性值设置为 True，则当用户指定的文件不存在时，将询问用户是否建立该文件；如果设置为 False，则不询问，默认值为 False。

（2）OverwritePrompt 属性。该属性值是一个 Boolean 值，当该属性值为 True，则当指定的文件名已存在时，对话框将显示一个提示信息（警告），询问用户是否重写该文件；当属性值为 False 时，则不显示提示信息。

3."颜色"对话框

许多 Windows 应用程序都有颜色对话框，使用户能够自己选择所需要的颜色。在 VB.NET 中，通过 ColorDialog 控件产生"颜色"对话框。如图 11-15 所示。

（1）主要属性。

① Name 属性。该属性值是一个字符串，用来设置颜色对话框控件的名称。

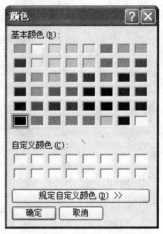

② AllowFullOpen 属性。该属性值是一个 Boolean 值，用来确定颜色对话框中"规定自定义颜色"按钮是否有效。当该属性值为 True 时，该按钮有效，单击它可以显示颜色对话框的全部内容，包括颜色自定义部分；当该属性值为 False 时，则不显示颜色自定义部分，默认值为 True。

③ AnyColor 属性。该属性值是一个 Boolean 值，用来确定对话框是否显示基本颜色集中可用的所有颜色。当该属性值为 True 时，可以使用所有可用的基本颜色；当该属性值为 False 时，则不允许使用，默认值为 False。

图 11-15　"颜色"对话框

④ Color 属性。对于"颜色"对话框，最重要的是 Color 属性，用于设置"颜色"对话框的初始颜色，同时它也能返回用户在对话框中选择的颜色。该属性值为 Color 结构，它是运行时在对话框中所选择的颜色，若没有选择颜色，其默认值为黑色。

⑤ FullOpen 属性。该属性值是一个 Boolean 值。当该属性值为 True 时，直接显示完整的颜色对话框；当该属性值为 False 时，则必须单击"规定自定义颜色"按钮才能展开，默认值为 False。

注意

如果把 AllowFullOpen 属性设置为 False，则 FullOpen 属性无效。

（2）主要方法。
① ShowDialog 方法。显示颜色对话框。
② Reset 方法。恢复颜色对话框的默认设置。

4."字体"对话框

"字体"对话框是标准的 Windows 字体对话框，用于显示系统上当前安装的字体。在 VB.NET 中使用 FontDialog 控件实现"字体"对话框，如图 11-16 所示。

（1）常用属性。

① Color 属性。返回用户所选定的字体颜色，默认值为黑色（Black）。

② FontName 属性。返回用户所选定的字体名称。

③ FontSiae 属性。返回用户所选定的字体大小。

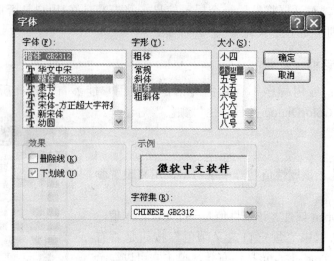

图 11-16 "字体"对话框

④ FontBold 属性（粗体字）、FontItalic（斜体字）、FontUnderLine（下画线）属性设置字体相应的效果。

⑤ MinSize、MaxSize 属性。表示用户在对话框中所能选择的字体的最小值和最大值。注意，为了使最大值及最小值的设置生效，MaxSize 必须大于 MinSize，并且两者都必须大于零。

⑥ ShowEffects 属性。用于设置"字体"对话框的一些特性，控制是否显示下画线、删除线和字体颜色选项。当值为 True（默认值）时，显示以上三项内容；当值为 False 时，不显示以上三项内容。

注意

用该属性设置的特殊效果包括"颜色"，因此，如果该属性值为 False 时，则 ShowColor 属性将不起作用，即使把它设置为 True，对话框中也没有"颜色"选项。

⑦ ShowColor 属性。控制是否显示颜色选项。当属性值为 True 时，显示的字体对话框中含有"颜色"选项；当属性值为 False 时，则不含"颜色"选项，默认值为 False。

⑧ FontMustExit 属性。该属性值是一个 Boolean 值，当用户试图在对话框中选择不存在的字体或样式时，可以用该属性指定是否显示出错信息。当属性值为 True 时，如果用户在字体对话框中选择系统中不存在的字体，则显示一个信息框；当属性值为 False 时，不显示出错信息，默认值为 False。

⑨ Font 属性。该属性值是一个 Font 类型值，用来获取或设置所选择的字体。

⑩ ShowHelp 属性。该属性值是一个 Boolean 值，当属性值为 True 时，在字体对话框中显示"帮助"按钮；当属性值为 False 时，则不显示"帮助"按钮，默认值为 False。

（2）常用方法和事件。

① ShowDialog 方法。

显示字体对话框。

② Reset 方法。

恢复字体对话框的默认设置。

③ Apply 事件。

当用户单击字体对话框中的"应用"按钮时触发该事件。

5. "打印"对话框

在 VB.NET 中，使用 PrintDialog 控件显示 Windows 标准打印对话框，可以在对话框中选择打印机、要打印的页以及页范围和打印选定的内容，然后用 ShowDialog 方法在运行时显示该对话框，如图 11-17 所示。

图 11-17　"打印"对话框

> **注意**
>
> "打印"对话框并不负责具体的打印任务，要想在应用程序中控制打印内容必须使用 PrintDocument 组件。

11.3　设计过程

11.3.1　创建项目

（1）从 Windows 的"开始"菜单中，启动 Microsoft Visual Studio.NET。

（2）在 Visual Basic.NET 集成开发环境（IDE）中，选择"文件"→"新建项目"菜单命令，打开"新建项目"对话框。

（3）选择"Windows 应用程序"，然后单击"确定"按钮。IDE 中将显示一个新的窗体，并且项目所需的文件也将添加到"解决方案资源管理器"窗门中。同时系统默认应用程序项目的名称为"WindowsApplication1"。

11.3.2　创建用户界面

本例中，需要在窗体上建立 1 个文本框 TextBox1，两种菜单：弹出菜单和下拉菜单，4种通用对话框：打开通用对话框、保存通用对话框、颜色通用对话框和字体通用对话框。它们的功能都是对文本框中的文字及背景进行设置。

本例中窗体及其上各控件的属性值如表 11-1 所示。

表 11-1　窗体及其上各控件的属性值

对　象	属　性	属　性　值
窗体	（名称）	Form1（系统默认）
	Text	文档编辑器
文本框 1	（名称）	TextBox1
	Text	""
	ContextMenuStrip	ContextMenuStrip1
打开对话框 1	（名称）	OpenFileDialog1（系统默认）
保存对话框 1	（名称）	SaveFileDialog1（系统默认）
颜色对话框 1	（名称）	ColorDialog1（系统默认）
字体对话框 1	（名称）	FontDialog1（系统默认）
下拉菜单	（名称）	MenuStrip1（系统默认）
下拉主菜单 1	（名称）	mnuFile
	Text	文件
主菜单 1 的子菜单 1	（名称）	mnuClear
	Text	清空文本
	ShortcutKeys	Ctrl+C
主菜单 1 的子菜单 2	（名称）	mnuOpen
	Text	打开
主菜单 1 的子菜单 3	（名称）	mnuSave
	Text	保存
下拉主菜单 2	（名称）	mnuFont
	Text	字体(&F)
主菜单 2 的子菜单 1	（名称）	mnuFontBold
	Text	粗体
主菜单 2 的子菜单 2	（名称）	mnuFontItalic
	Text	斜体
主菜单 2 的子菜单 3	（名称）	mnuFontSize
	Text	字号

对　　象	属　　性	属　性　值
二级子菜单 1	（名称）	mnuFS10
	Text	10
二级子菜单 2	（名称）	mnuFS20
	Text	20
二级子菜单 3	（名称）	mnuFS30
	Text	30
主菜单 2 的子菜单 4	（名称）	ToolStripMenuItem2
	Text	－（说明：显示为分隔条）
主菜单 2 的子菜单 5	（名称）	mnuBackcolor
	Text	背景颜色
主菜单 2 的子菜单 6	（名称）	mnuAllFont
	Text	字体综合设置
弹出菜单 1	（名称）	ContextMenuStrip1（系统默认）
弹出子菜单 1	（名称）	mnuContext10
	Text	10
弹出子菜单 2	（名称）	mnuContext20
	Text	20
弹出子菜单 3	（名称）	mnuContext30
	Text	30

设计完的窗体界面如图 11-18 所示。

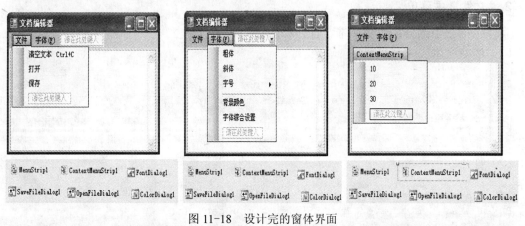

图 11-18　设计完的窗体界面

11.3.3　编写代码

本例中所有代码都写在 Form1 类中，具体分成 4 个部分：准备工作、“文件”主菜单、“字体”主菜单和弹出菜单。

1. 准备工作

具体包括 3 个部分：类级变量声明、窗体初始化和文本框完善。

（1）类级变量声明。

```
    Dim bold As Boolean '用于设置粗体
Dim italic As Boolean '用于设置斜体
```

（2）窗体初始化。

```
Private Sub Form1_Load(ByVal sender As Object, _
ByVal e As System.EventArgs) Handles Me.Load
    If TextBox1.Text="" Then
        mnuClear.Enabled=False
    Else
        mnuClear.Enabled=True
    End If
End Sub
```

（3）文本框完善。

```
Private Sub TextBox1_TextChanged(ByVal sender As System.Object, _
ByVal e As System.EventArgs) Handles TextBox1.TextChanged
    If TextBox1.Text="" Then
        mnuClear.Enabled=False
    Else
        mnuClear.Enabled=True
    End If
End Sub
```

2. "文件" 主菜单

具体包括三个部分：清空文本、打开和保存。

（1）清空文本。

```
Private Sub mnuClear_Click(ByVal sender As System.Object, _
ByVal e As System.EventArgs) Handles mnuClear.Click
    TextBox1.Text=""
End Sub
```

（2）打开

```
    Private Sub mnuOpen_Click(ByVal sender As System.Object, _
ByVal e As System.EventArgs) Handles mnuOpen.Click
    Dim indata
    OpenFileDialog1.Filter="AllFile[*.*]|*.*|文本文件|*.txt|项目文件
(.Vbp)|*.sln"
    OpenFileDialog1.InitialDirectory="c:\Program Files"
    OpenFileDialog1.ShowDialog()
    FileOpen(1, OpenFileDialog1.FileName, OpenMode.Input)    '打开文件进行
读操作
    Do While Not EOF(1)
```

```
        indata=LineInput(1)                          ' 行读数据
        TextBox1.Text=TextBox1.Text + indata + vbCrLf
    Loop
    FileClose(1)
End Sub
```

（3）保存。

```
Private Sub mnuSave_Click(ByVal sender As System.Object, _
ByVal e As System.EventArgs) Handles mnuSave.Click
    SaveFileDialog1.FileName="Test.txt"          ' 设置默认文件名
    SaveFileDialog1.Filter="AllFile[*.*]|*.*|文本文件|*.txt"
    SaveFileDialog1.DefaultExt=".txt"             ' 设置默认扩展名
    SaveFileDialog1.FilterIndex=2
    SaveFileDialog1.CreatePrompt=True
    SaveFileDialog1.CheckPathExists=True
    SaveFileDialog1.OverwritePrompt=True
    SaveFileDialog1.RestoreDirectory=True
    SaveFileDialog1.ShowDialog()                   ' 打开"保存"对话框
    '保存文件
    FileOpen(1, SaveFileDialog1.FileName, OpenMode.Output)
    Print(1, TextBox1.Text)
    FileClose(1)
End Sub
```

3.“字体”主菜单

“字体”主菜单具体包括 5 个部分：粗体、斜体、字号、背景颜色和字体综合设置。

（1）粗体。

```
Private Sub mnuFontBold_Click(ByVal sender As System.Object, _
ByVal e As System.EventArgs) Handles mnuFontBold.Click
    If bold=False Then
        TextBox1.Font=New Font(TextBox1.Font, FontStyle.Bold)
        mnuFontBold.Checked=True
        bold=True
    ElseIf bold=True Then
        TextBox1.Font=New Font(TextBox1.Font, 0)
        mnuFontBold.Checked=False
        bold=False
    End If
End Sub
```

（2）斜体。

```
Private Sub mnuFontItalic_Click(ByVal sender As System.Object, _
ByVal e As System.EventArgs) Handles mnuFontItalic.Click
    If italic=False Then
        TextBox1.Font=New Font(TextBox1.Font, FontStyle.Italic)
        mnuFontItalic.Checked=True
        italic=True
    ElseIf italic=True Then
```

```
        TextBox1.Font=New Font(TextBox1.Font, 0)
        mnuFontItalic.Checked=False
        italic=False
    End If
End Sub
```

（3）字号。

```
Private Sub mnuFS10_Click(ByVal sender As System.Object, _
ByVal e As System.EventArgs) Handles mnuFS10.Click
    TextBox1.Font=New Font(TextBox1.Font.FontFamily, 10)
    mnuFS10.Checked=True
    mnuFS20.Checked=False
    mnuFS30.Checked=False
End Sub
Private Sub mnuFS20_Click(ByVal sender As Object, _
ByVal e As System.EventArgs) Handles mnuFS20.Click
    TextBox1.Font=New Font(TextBox1.Font.FontFamily, 20)
    mnuFS20.Checked=True
    mnuFS10.Checked=False
    mnuFS30.Checked=False
End Sub
Private Sub mnuFS30_Click(ByVal sender As Object, _
ByVal e As System.EventArgs) Handles mnuFS30.Click
    TextBox1.Font=New Font(TextBox1.Font.FontFamily, 30)
    mnuFS30.Checked=True
    mnuFS20.Checked=False
    mnuFS10.Checked=False
End Sub
```

（4）背景颜色。

```
Private Sub mnuBackcolor_Click(ByVal sender As System.Object, _
ByVal e As System.EventArgs) Handles mnuBackcolor.Click
    ColorDialog1.ShowDialog()
    TextBox1.BackColor=ColorDialog1.Color
End Sub
```

（5）字体综合设置。

```
Private Sub mnuAllFont_Click(ByVal sender As System.Object, _
ByVal e As System.EventArgs) Handles mnuAllFont.Click
    FontDialog1.ShowDialog()
    TextBox1.Font=FontDialog1.Font
End Sub
```

4. 弹出菜单

```
Private Sub mnuContext10_Click(ByVal sender As System.Object, _
ByVal e As System.EventArgs) Handles mnuContext10.Click
    TextBox1.Font=New Font(TextBox1.Font.FontFamily, 10)
    mnuContext10.Checked=True
```

```
        mnuContext20.Checked=False
        mnuContext30.Checked=False
    End Sub
Private Sub mnuContext20_Click(ByVal sender As System.Object, _
ByVal e As System.EventArgs) Handles mnuContext20.Click
        TextBox1.Font=New Font(TextBox1.Font.FontFamily, 20)
        mnuContext20.Checked=True
        mnuContext10.Checked=False
        mnuContext30.Checked=False
    End Sub
Private Sub mnuContext30_Click(ByVal sender As System.Object, _
ByVal e As System.EventArgs) Handles mnuContext30.Click
        TextBox1.Font=New Font(TextBox1.Font.FontFamily, 30)
        mnuContext30.Checked=True
        mnuContext20.Checked=False
        mnuContext10.Checked=False
    End Sub
```

11.3.4 运行和测试程序

运行调试程序可以选择"调试"→"启动调试"菜单命令或按 F5 键，也可以单击"工具栏"中的"启动调试"按钮。如果程序没有错误，程序运行结果如图 11-19 所示。

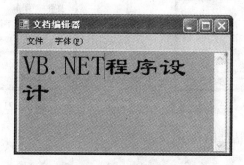

图 11-19 程序运行结果

11.4 操 作 要 点

11.4.1 下拉式菜单的设计

在 Visual Basic.NET 中，下拉式菜单的设计不再使用菜单编辑器，只需要先在窗体上建立一个 MenuStrip 控件的对象，然后直接在相应的菜单位置设计文本内容即可，如用到其他属性，则到相应菜单项的属性窗口或在代码窗口中设置即可。

11.4.2 操作小技巧

与 VB 6.0 不同，在 Visual Basic.NET 中，弹出式菜单的使用不用通过代码来编写，只需要设置属性即可。在 Visual Basic.NET 中，可以使用弹出式菜单的组件都有 ContextMenuStrip 属性，只需要将 ContextMenuStrip 属性值设置成已经建立好的弹出式菜单的名称即可。

11.5 实 训 项 目

【实训 11-1】 改变文字格式

1．实训目的

（1）使用菜单对各种功能进行分组，掌握菜单组件的使用和菜单事件的编程方法。
（2）掌握建立下拉式菜单和修改菜单项的方法。
（3）掌握菜单的常用属性和事件的应用。

2．实训要求

（1）用户在文本框中输入文字，如图 11-20 所示，选择"编辑"→"字体"菜单命令，弹出"字体"对话框，在其中设置文字的字体，单击"确定"按钮，显示设置效果。
（2）选择"颜色"菜单命令，调出颜色对话框，对文本中的字体颜色进行设置，如图 11-21 所示。

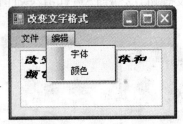

图 11-20　字体对话框

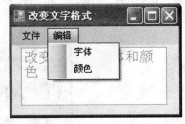

图 11-21　颜色对话框

【实训 11-2】 通用对话框的使用

1．实训目的

（1）掌握通用对话框的建立方法及其应用环境。
（2）掌握通用对话框的常用属性。

2．实训要求

图 11-22　程序设计界面

设计一个程序，使通过对话框，能够改变标签中文本的颜色、字体。程序设计界面如图 11-22 所示。
（1）标签背景色设置为白色。
（2）单击"改变颜色"按钮时，弹出设置颜色的通用对话框，选中某个颜色并单击"确定"按钮后，标签中的文字颜色将发生变化。
（3）单击"改变字体"按钮，弹出设置字体对话框。在该对话框中设置字体名称、字号大小、字体效果单击"确定"按钮后，标签中的文字能随设置发生变化。

任务 12

获取计算机名称

12.1 任 务 要 求

设计一个程序，若用户在文本框内输入正确的 IP 地址，则在另一个文本框中显示 IP 地址所对应的计算机的名称或者 DNS。

12.2 知 识 要 点

面向对象程序设计（Object Oriented Program），简称 OOP，是正在广为使用的一种编程技巧，当今几乎所有的程序设计语言都离不开 OPP 的编程思想。

12.2.1 对象与类

1. 对象（Object）

对象是指将现实世界中实体或关系抽象化后形成的基于代码的抽象概念，是具体事物的抽象总结。它可以是电视、汽车、电灯和人等一切事物。在计算机术语中，对象表示要在应用程序中处理的事物，这两者通常对应得相当好。所有的对象都可以概括出三个共同的方面：

（1）它们都有用于描述自己状态的一系列参数。例如，汽车的颜色、质量、大小，人的高矮、胖瘦、性别、年龄等。

（2）它们都有自己的行为。例如，汽车的启动、转弯、鸣笛等，人的走、跑、跳等。

（3）它们都可以对外部的事件做出一定的响应。例如，汽车对刹车事件的反应是减速。

面向对象程序设计中的对象就是将现实世界的实物模型化、抽象化。它用变量来维护对象的状态，用方法来实现对象的行为，用事件来反应对象对外界的响应。简而言之，对象是由描述状态的一系列变量和用来实现对象行为的各种方法组成，并能通过一定的事件来响应外界的变化。

2．类（Class）

类是指定义对象的代码，所有对象都是基于类创建的。在现实世界中，不同的对象常常具有相同的特征，即它们具有相同的状态和公共行为。例如相同型号的汽车，它们具有相同的外形和重量等，同时又有相同的驾驶方法，将类实例化即可创建该类中的对象。

对象与类是不同的，简单的说，类是对象的抽象，对象是类的实例。在引用类中的对象和方法之前必须将类实例化，相当于利用类作为模板，类构筑一个新的对象。可以理解为：类是设计好的一张汽车制造图纸，而通过这张图纸制造出一辆新的汽车，并在这辆汽车上面打上一定的标记，如汽车 1、汽车 2 等，那么这辆新的汽车就不再是一张图纸了，而是一个全新的对象，可以实际使用。

引入类的概念，面向对象技术可以有效地实现代码的复用。

12.2.2　对象的组成

在计算机的世界里，对象是由一些有关状态信息的数据和代表其行为的一组例程组成，程序使用对象提供的接口访问对象的数据和行为。应用程序通过接口，对对象进行操作，然而具体的数据在对象内部是如何处理，对象外部程序是无从可知的。对对象的访问就像黑盒操作一样，一端有输入，另一端有输出，中间过程却是不透明的。

1．对象的数据

对象的数据多数是由对象的属性以及对象的方法、事件中提供的参数来提供，通过类中的代码声明，可以设置这些数据的使用范围，如可以设置成只读或只写的，或者只是在对象内部使用等。

数据是对象的核心内容，没有数据的对象是空洞的。既然对象作为一个黑盒子，那么肯定有的数据是开放的，可供对象外部代码使用；有的数据则是封装在对象内部而无法直接访问的。开放的那部分数据，是接口的一个组成部分。如何设置对象内部的数据为开放的或者隐藏的，将在具体类的创建中介绍。

2．对象的行为

对象的行为就是对象的方法和事件。在构造对象的类的代码内部，方法和事件其实都是一些子程序 Sub 或者函数 Function。通过对象的方法，就可以对对象的数据进行一定的处理，同时还可以在对象的方法中触发对象的事件。

对象的事件也是 Sub 或 Function，但它与方法有一些不同，一般通过对象的方法来触发完成，同时，其主要功能也是对对象的数据进行处理，完成一定的任务。对于开放的那部分对象行为，也称为对象接口的一部分。

3．对象的接口

由上可知，其实就是对外部程序开放的那部分对象数据和对象行为的集合。对象和外部程序的交互，都是通过接口来进行的。所有的数据以及对象对外部的响应，都是通过接口来统一进行的，这样一方面能实现对象的功能，另一方面也能使对象受到保护，保证对象内部的程序能正常运行。

12.2.3　封装、继承与多态性

对象具有属性、方法和事件三个最基本的特征，完整的面向对象的支持还应包括对象的封装、继承和多态。

1．封装性

封装性是指不同的功能和属性包装、捆绑在一个抽象的实体中，并隐藏其内部的复杂性。在要求它完成工作时不需要了解它的实际情况。在 12.3.4 中将介绍对象通过封装可以有效地保护内部的数据，不但将一个对象与其他对象隔离开来，而且通过隐藏信息增强了代码的安全性。

2．继承性

继承性是指在已存在一类实体的基础上可以派生出新的实体。这些实体能继承父实体的功能与属性。

利用继承，可以先定义一个描述共有属性的类，我们称它为父类或超类，然后根据该超类创建具有特有特性的子类。子类继承超类的特性，并增加它们自己的特性，这时的子类继承了超类的状态和行为，同时增加了自己特有的状态和行为，因而我们可以用层次的方法实现类，从最一般的类开始逐步具体化。例如，车辆包括机动车辆和非机动车辆，而机动车辆又包括汽车、火车等。因而车是父类，机动车辆和非机动车辆就是车的子类，汽车和火车又是机动车辆的子类。我们称这种关系为父子关系。子类具有父类的基本特性。在面向对象的程序设计中，我们可以通过父类创建子类，通过子类再创建子类的子类……，这样最终可以构建更加复杂的对象。

3．多态性

对象的多态性，指的是对象要适应外部的各种变化情况，比如可能使用对象的同一个方法，却要在该方法输入不同的若干套参数。如果对象提供了这种多变参数的实现性，就是具备了多态性。

一般对象的多态性都是通过对对象的方法进行重载，或者多接口来实现。当对象具有了多态性后，面对缤纷多彩的世界，对象就更能清楚准确地刻画和表达。

12.2.4　对象的生存周期

对象就像变量一样，有一定的生存周期，都要经历从定义、使用到释放这样一个过程。

定义一个对象，系统会自动为它分配一定的系统资源，用于存储对象的信息。在对象的使用过程中，对象将一直占用这些资源。而当对象使用完毕后，会释放对象所占用的系统资源，否则系统资源一旦被耗尽，系统将无法正常工作。

12.2.5 类的创建与声明

1. 类的创建

类是构建对象的基础，对象通过类来实例化，没有类，就无法创建对象，因而类是 Visual Basic.NET 中一个很重要的部分。几乎每个程序中都包含一个或多个类。在 Visual Basic.NET 中，类和窗体之间的区别已经消失了，许多程序将全部由类构成。

在 VB 以前版本中创建类时，每一个类都有它自己的文件，这样一个工程中将包含许多文件，Visual Basic.NET 并不采用这种方法来创建类。它不会每创建一个类就创建一个文件，而是在一个文件中包含许多类，这样就提高了程序的可维护性。

在 Visual Basic.NET 中增加一个类，选择主菜单的"项目"→"添加新项"菜单命令，弹出"添加新项"对话框，如图 12-1 所示。

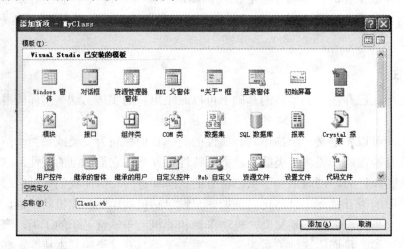

图 12-1 "添加新项"对话框

在对话框中选择"类"模板，在名称栏中输入类的名字（默认名字是"Class1.vb"），单击"添加"按钮，这样一个新的文件就添加到工程中，打开新的代码编辑窗口，它包含了以下代码：

```
Public Class Class1
    ......
End Class
```

在一个.vb 文件中可以包含多个类、模块及其他代码，可向其中添加代码。

 注意

文件的类型是由它的内容决定的，而不是由文件的扩展名决定的。根据选择的类型，IDE 就在文件中创建不同的开始代码。例如，新建一个 Windows 应用程序的窗体，它的初始代码如下：

```
Public Class Form1
    '这是继承了系统窗体 Form 类的一个实例
    Inherits System.Windows.Forms.Form
    ……
End Class
```

2．类的声明

在 Visual Basic.NET 中，类的实现包括两部分内容：类的说明和类主体。其一般格式为：

```
[类说明符] Class className '类说明，声明一个类
    …… '类主体，在这里添加类的内容
End Class
```

其中：

Class：类说明关键字，说明以下的一段成员是一个类的定义。

className：类名，是由程序员自己定义的 Visual Basic.NET 合法字符串。

每个类说明中都必须有 Class 和类名。

类说明符：包括 Public、Private、Friend 和 Shared 等，用来说明类的访问权限，缺省为 Public。

【例 12-1】 定义一个类——Person。

（1）选择"文件"→"新建项目"菜单命令，新建一个 Windows 应用程序，命名为"MyClass"。新建的项目中有一个默认的窗体 Form1，可以用来作为后面类的外部程序调试类的代码。

（2）选择"项目"→"添加类"菜单命令，添加一个类，命名为"Person.vb"，单击"打开"按钮，在类的代码编辑窗口添加如下代码：

```
Public Class Person
    Public Gender As String
    Public Age As Integer
    Public Height As Single
End Class
```

这段代码定义了一个最简单的类，它只包含性别、年龄和身高三个成员变量，而无任何方法和事件。

由于类文件和其他文件同属于一个项目，所以可以在其他源文件中使用如下格式调用类：

```
Dim MyObject As New Classname
```

当要在其他项目中引用该类时，要使用另外一种方法，就是在应用程序中增加引用（References），具体操作步骤如下：

（1）选中解决方案资源管理器窗口，如果 IDE 中没有，选择"视图"→"解决方案资源管理器"菜单命令，或使用 Ctrl+R 组合键。

（2）右击"引用"项目，选择"添加引用"菜单命令，将弹出"添加引用"对话框，如图 12-2 所示，通过这个对话框可以向工程中添加系统提供的框架类，也可以添加一些外部

控件或者第三方控件、COM 组件等。

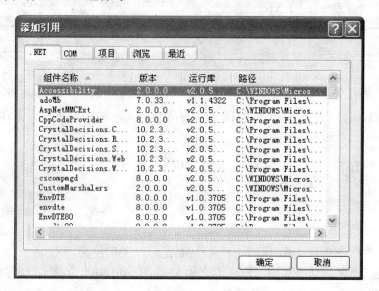

图 12-2　"添加引用"对话框

　　如果需要的引用没有在已有列表中列出，则可以选择"浏览"选项卡，在这里可以选择要添加的文件（注意：文件必须是.exe 或.dll 类型的，所以应当是类编译成.dll 之后方可被引用），然后单击"确定"按钮，在添加引用对话框的底部可找到新添加文件的类型及路径。如果要引用一个工程中的文件，可选择工程 bin 目录下的文件。

　　（3）此时，可直接使用这个类文件中的所有类，即可以通过这些类来定义对象。

　　（4）如果想删除这个引用，在解决方案资源管理器的引用分支下右击该引用的名称，在弹出的菜单中执行"移除"命令即可。

12.2.6　类与命名空间

　　命名空间（NameSpace）是 Visual Basic.NET 的一个重要概念，是类的一种组织结构，它将父类命名为命名空间，即赋予某个名称，所有由它衍生的子类都是这个命名空间的成员，每个下一级的子类也都是拥有自己的子命名空间，从而构成了一个呈树状分布的命名空间集合。命名空间的最大作用是防止名称污染——即变量名的冲突。

　　命名空间就是我们在替变量、函数、常数或类别取名字时必须考虑到的范围。在这个范围内，只有当各个名称是唯一的，才不会因重复而起冲突。通常我们在自己负责的领域范围内会保持命名空间的唯一而不重复。但是，在开放环境中，一个软件常是由许多不同的人设计的组件或模块所组成，这时，就有可能会使用到共同的名字，这样原来纯净的命名空间就会被污染，即会产生变量名的冲突。解决这个问题的基本方法是：将每个人的变量名用命名空间分隔开来。

　　Visual Basic.NET 是完全面向对象的语言，对象是 VB 程序设计的核心，系统提供了大量的类，用户也可以自定义很多类，为了能合理地组织这些类，引入了命名空间的概念，将功能相似的类组成一个命名空间。如果命名空间很大，还可以在命名空间内使用子命名空间，一级一级细化，使系统类库内容层次更清晰，同时也避免了名称污染。

Visual Basic.NET 提供了大量的命名空间，其中重要的有：

（1）System.Windows.Forms 提供了 Windows 窗体类及常用的和标准的控件。

（2）System.Drawing 提供了绘图所需的类。

（3）System.Data 提供了数据处理的类。

（4）Sytem.Data.OleDb 和 System.Data.SQLTypes 提供了数据库访问所需的类。

（5）System.IO 提供了文件操作的类。

它们都包含在不同的集合内。我们也可以自己定义命名空间，每一个工程都是一个命名空间，命名空间的名字就是工程名。在程序中定义命名空间使用如下格式：

```
NameSpace MyNameSpace
    Class Class1
      ……
    End Class
    Class Class2
      ……
    End Class
End NameSpace
```

由于命名空间的类采用块结构，因此，在一个文件中我们可以定义多个命名空间，每个命名空间中可以包含多个类。引用命名空间中的类使用如下语句：

```
Dim MyObject As New MyNameSpace.Class1
```

命名空间还允许将不同的类封装于不同的类文件中。例如：

```
'源文件 1，一个*.vb 文件
NameSpace MyNameSpace
    Class MyClass1
      ……
    End Class
End NameSpace
'源文件 2，一个*.vb 文件
NameSpace MyNameSpace
    Class MyClass2
      ……
    End Class
End NameSpace
```

虽然这两个类在不同的文件中定义，但是，它们都是属于 MyNameSpace 的成员。

12.2.7　类的成员

类的成员可以分为两类：类本身所声明的和从其他基类中继承的，类的成员有以下几种类型：

（1）成员常数，类中的常数。

（2）成员变量，类中声明的变量。

（3）成员方法，用于执行一定的操作或动作的子例程或函数。

（4）属性，用于设置和检索类中密切相关的数据值。

（5）事件，用于感知发生了什么事情，是类对外界的响应。

（6）构造方法（New），用于完成类的初始化工作。

（7）共享成员和共享方法，可以跨类存在，相当于一类对象的全局变量和全局方法。

（8）基类，如果一个类由另一个类继承而来，那么该类就包含它的父类，即基类。

（9）接口，对象与其他对象交互的接口。

对于以上各种类的成员，可以在设计类的时候确定这些成员提供给外界的访问权限。具体是对类的成员使用不同的修饰符（或关键字），从而定义它们的访问级别。

1．公有成员（Public）

VB 中的公有成员提供了类的外部接口，允许类的使用者从外部进行访问。公有成员的修饰符为 Public，这是限制最少的一种访问方式，对类的成员没有任何的保护措施，所以应该限制公有成员的数量，否则对类的安全封装会产生不利影响。

2．私有成员（Private）

私有成员仅限于类中的成员可以访问，从外部访问私有成员是不合法的。私有成员的修饰符是 Private。这是对类中的资料保护性最强的一种方法。

3．保护成员（Protected）

前两种限制不能更好地满足类的其他需求，走的是两个极端。而在某些特殊情况下，例如希望本类的派生类可以访问，但又不希望外界能访问，这时就必须使用保护成员。保护成员的修饰符是 Protected。

4．友好成员（Friend）

有时需要这样一种成员：它对于组件内部是可以互相访问的，而对外界是保密的，这时必须使用友好方式限制成员，友好成员的修饰符是 Friend。它比 Public 成员稍微多了一点限制，但是比 Private、Protected 等成员却是开放了一些。

5．共享成员（Shared）

Visual Basic.NET 类中还有这样一种成员：几个通过一个类实例化而来的对象，它们可以共享类中的某些成员，它们相当于这些对象的全局方法和全局变量。这种成员就是共享成员，它的修饰符是 Shared。

12.3　设　计　过　程

12.3.1　创建项目

（1）从 Windows 的"开始"菜单中，启动 Microsoft Visual Studio.NET。

（2）在 Visual Basic.NET 集成开发环境（IDE）中，选择"文件"→"新建项目"菜单命令，打开"新建项目"对话框。

3．选择"Windows 应用程序"，然后单击"确定"按钮。IDE 中将显示一个新的窗体，并且项目所需的文件也将添加到"解决方案资源管理器"窗口中。同时系统默认应用程序项目的名称为"WindowsApplication1"。

12.3.2 创建用户界面

本例中，需要在窗体上建立 2 个标签 Label1～Label2、2 个文本框 TextBox1～TextBox2和 1 个按钮 Button1。文本框 TextBox1 用于输入 IP 地址，文本框 TextBox2 用于显示计算机名或计算机的 DNS。

本例中窗体及其上各控件的属性值如表 12-1 所示。

表 12-1 窗体及其上各控件的属性值

对　　象	属　　性	属　性　值
窗体	（名称）	Form1（系统默认）
	Text	获取计算机名
标签 1	（名称）	Label1
	Text	请输入正确格式的IP:
标签 2	（名称）	Label2
	Text	计算机名称:
文本框 1	（名称）	TextBox1
	Text	""（空字符串）
文本框 2	（名称）	TextBox2
	Text	""（空字符串）
按钮 1	（名称）	Button1
	Text	显示

设计完的窗体界面如图 12-3 所示。

图 12-3 设计完的窗体界面

12.3.3 编写代码

在类之前引入命名空间：

```
Imports System
Imports System.Data
```

```
Imports System.Net
Imports System.Net.Sockets
Imports System.Drawing
Imports System.ComponentModel
Public Class Form1
        Inherits System.Windows.Forms.Form
Private Sub Button1_Click(ByVal sender As Object, _
ByVal e As System.EventArgs) Handles Button1.Click
        Dim CpName As String '定义计算机名
        Dim CpIP As IPHostEntry '定义 IP 地址
        Dim IP As String
        IP=TextBox1.Text
        CpIP=Dns.GetHostEntry(IP) '将文本框中的 IP 字符串转换为计算机的 IP
        CpName=CpIP.HostName '通过 IP 地址获取计算机的名称
        TextBox2.Text=CpName '在文本框中显示计算机的名称
    End Sub
End Class
```

12.3.4 运行和测试程序

运行调试程序可以选择"调试"→"启动调试"菜单命令或按 F5 键，也可以单击"工具栏"中的"启动调试"按钮。如果程序没有错误，程序运行结果如图 12-4 所示。

图 12-4 程序运行结果

当计算机的 IP 地址是自动获取时，不用输入任何 IP 地址。

12.4 操 作 要 点

12.4.1 定义成员变量

成员变量（或称实例变量）是指在类中声明的，运行应用程序时适用于每个单独对象的变量。基本上，类实例化为对象后，每个对象都会得到类里相应变量的复制，以存储该对象本身的数据。

声明成员变量就跟在应用程序中声明变量一样，例如：

```
Public Class Person
```

```
      Public Gender As String
      Public Age As Integer
      Public Height As Single
End Class
```

声明了三个公有的成员变量 Gender、Age 和 Height。对于成员变量，主要通过以下几个关键字来控制变量的作用域：

（1）Public。适用于类外的代码，具有最大的开放性。

（2）Private。仅适用于声明它的类中的代码。

（3）Protected。仅适用于继承于类的类。

（4）Friend。仅适用于声明它的工程和组件中的代码。

具体用法已经在 11.3.7 节详细介绍过。通常用 Private 修饰符来声明成员变量。

12.4.2　定义成员属性

属性是对象的特征，也是对象数据的最大出入口，是明确为设置和检索对象数据值而设计的方法。对象的属性具有只读、只写和读写 3 种类型。

1. 定义属性的方法

定义成员属性的语法格式为：

```
[Modifier] Property Name As Type
    Get
        Return Private_Value
    End Get
    Set (ByVal Value As Type)
        Private_Value=Value
    End Set
End Property
```

其中修饰符 Modifier 用来说明对属性的访问权限，常用的修饰符有：

（1）Public：公有属性，默认值。

（2）Protected：保护属性，类的家族（Family）可以使用。

（3）Shared：共享属性。

（4）NotOverridable：不可重新定义属性，Protected 属性的默认权限。

（5）Overriable：可以重新定义属性。

（6）Overridc：重新定义属性。

（7）ReadOnly：只读属性。

（8）WriteOnly：只写属性。

其中有些修饰符是可以同时使用的，定义权限比较复杂的属性，例如：

```
Protected Overriable ReadOnly Property aa as Integer
```

下面在 11.4.1 节的那一小段程序上，增加了一段定义属性的代码：

```
Public Class Person
```

```
        Public Gender As String
        Public Age As Integer
        Public Height As Single
            '增加一个内部成员变量用来传递属性的数据
        Private strName As String
        Public Property Name() As String
            Get
                Return strName
            End Get
            Set (ByVal Value As String )
                strName=Value
            End Set
        End Property
End Class
```

在具体的外部代码中 ，可以这样设置或者读取 Person 类实例化对象的 Name 属性值，代码如下：

```
Dim myPerson As New Person()
    myPerson.Name="liming"   '设置 myPerson 对象的 Name 属性值
    MsgBox(myPerson.Name)    '获得 myPerson 对象的 Name 属性值
```

2．Get 和 Set 结构

Get 结构用于返回属性值，即让类外部的程序在使用对象时可以获得对象的属性值。它至少要包含一条 Return 语句，用于将变量值返回给外部程序。

Set 结构用于将属性值写入对象，其中至少包含一条赋值语句，将用户的值写入保存属性的类的成员变量。

定义属性必须要定义一个与属性相关的内部成员变量，用于保存属性值，并可以参加类的内部运算。

3．属性的类型

类型 Type 是描述属性的类型，Visual Basic.NET 的属性类型可以是任何合法的系统引用类型。

4．属性的读写限制

在一定的情况下，需要定义只读或只写属性。只读属性可以很好地保护对象的重要数据，通过 ReadOnly 和 Get 关键字可以定义只读属性。

【例 12-2】 在 Person 类中定义一个只读的年龄（Age）属性。

```
Private PersonAge As Integer
Public ReadOnly Property Age() As Single
    Get
        Ruturn PersonAge
    End Get
End Property
```

【例 12-3】 在 Person 类中定义一个只写的生日（birth）属性。

```
Private birth As Integer
Public WriteOnly Property bornyear() As Integer
    Set (ByVal Value As Integer)
        birth=Value
    End Set
End Property
```

5. 集合属性

集合属性的内容不是一项，而是包含许多内容相似的项目，读取或写入属性值要使用索引（index）来逐一完成。

【例 12-4】 在 Person 类中定义学历（Degree）属性集合，在类外读取或对学历属性赋值。

在 Person 类中定义学历（Degree）属性集合：

```
Private PersonDegree(4) As String
    Public Property Degree(ByVal index As Integer) As String
        Get
            Return PersonDegree(index)
        End Get
        Set(ByVal Value As String)
            PersonDegree(index)=Value
        End Set
    End Property

    '在类外读取或对学历属性赋值
    Dim myPerson As New Person
        myPerson.Degree(0)="本科"
        myPerson.Degree(0)="研究生"
        MsgBox(myPerson.Degree(0))
```

6. 参数化属性

在集合属性例子中，对于属性数组的引用必须指定其索引值 Index，但有时并不知道数组的索引值，只知道有关该属性值的某些附加信息，例如一个人可能有几个电话号码：办公电话、宅电和手机。设想这样一个属性数组来存储这些数据，在属性数组中不仅存放具体的电话号码，还需要跟对应的信息关联起来，这样检索及设置这些属性时就很简单了，只需要将相关信息作为参数，就可以找到对应的属性数据值。

【例 12-5】 在 Person 类中通过参数化属性，设置电话号码列表。

```
'用系统提供的 Hashtable 类存储电话号码列表
Private colPhones As New Hashtable()

'Location 属性用以在检索和设置电话号码列表时充当索引的作用
'Location 属性可在 Phone 属性内所有代码中使用
Public Property Phone(ByVal Location As String) As String
    Get
        Return colPhones .Item(Location)
    End Get
    Set (ByVal Value As String)
```

```
        If colPhones.ContainsKey(Location) Then
            colPhones.Item(Location)=Value
        Else
            colPhones.Add(Location,Value)
        End If
    End Set
End Property
```

其中，Hashtable 类与标准的 VB Collection 对象非常相似，但它更为有用——它可以让程序员测试数组中已有元素是否存在。在 Set 块中，使用 Location 参数来更新或添加 Hashtable 中对应的元素。在更新或添加之前，使用 Hashtable 中的 ContainsKey 方法来检测 Location 参数所对应的电话号码是否存在，如果存在，则更新；如果不存在，则添加该 Location 对应的一个新的电话号码值。

注意

在 Get 块中，如果运行了该代码的实例，但是没有与 Location 参数项匹配的电话号码值，就可能产生一个可捕获的运行错误。

在类外的代码中使用该属性如下：

```
Dim myPerson As New Person()
    myPerson.Phone("Home")="024-23556745"
    myPerson.Phone("Office")="024-87567634"
    myPerson.Phone("Mobil")="13998816782"
    MsgBox(myPerson.Phone("Mobil"))
```

7. 默认属性

为了使对象的某个常用属性使用起来更为方便，应将该属性设置为对象的默认属性，例如 Collection 对象的默认属性是 Item，即在使用该对象的 Item 属性时不必指出其属性名，例如：

```
Dim colData As New Collection()
```

没有出现 Item 属性，但已经被引用，该属性是一个参数化属性，需要 Index 参数。

```
Return colData(Index)
```

【例 12-6】 设置 Person 类中 Phone 属性的默认值。

```
Private colPhones As New Hashtable()
'增加了 Default 关键字
Default  Public Property Phone(ByVal Location As String) As String

    Get
        Return colPhones .Item(Location)
    End Get
    Set (ByVal Value As String)
        If colPhones.ContainsKey(Location) Then
            colPhones.Item(Location)=Value
```

```
        Else
            colPhones.Add(Location,Value)
        End If
    End Set
End Property
```

在设置默认属性前，使用 Phone 属性必须使用如下代码：

```
myPerson.Phone("Home")="024-23556745"
```

将 Phone 属性设置为默认属性后，代码可简化为：

```
myPerson ("Home")="024-23556745"
```

12.4.3 定义成员方法

方法是对象执行的动作，是在类中编码的简单例程，用来实现我们想提供给对象的服务程序。它利用自身的数据，如成员变量，或者作为参数传递到方法中的数据，处理生成输出结果或者执行服务程序的信息。方法是类的重要组成部分，使用 Sub 和 Function 关键字来实现方法。在类中声明方法使用的语法格式为：

```
[Modifier] Type MethodName (Parameter_List) [Return Type]
```

在方法的声明中至少要包括方法的类型、名称和参数列表。

1．修饰符（Modifier）

方法的修饰符（或关键字）有以下几种：

（1）New 构造方法。

（2）Friend 友好方法。

（3）Public 公有方法。

（4）Protected 保护方法。

（5）Private 私有方法。

（6）Overridable 可以重写方法。

（7）Override 重写/覆盖方法。

（8）Overloads 重载方法。

（9）Shared 共享方法。

2．方法类型（Type）

Visual Basic.NET 中方法的类型有两种：

（1）Sub。

（2）Function。这两种方法十分相似，唯一不同的是 Function 方法可以返回操作结果，而 Sub 方法不可以。当定义的方法是 Function 类型时，要指明返回值类型（Return Type），否则会出错。Function 方法的返回值可以是 Visual Basic.NET 中任何的合法类型，当然也可以是对象类型。

3. 参数列表(Parameter_List)

通过参数列表可以向方法中传递数值，传递参数有三种方式，分别为：

（1）值传递：使用关键字 ByVal 和 Optional ByVal。

（2）地址传递：使用关键字 ByRef 和 Optional ByRef。

（3）数组型：使用关键字 ParamArray ByVal。

默认的情况下是值传递方式。当利用值传递方法传递数值时，编译程序给实参（实际使用或调用方法时，方法名称后面的参数称为实参）数据做一份复制，并且将该复制传递给该方法。被调用的方法不会修改内存中实参的值，所以使用值传递方式时，可以保证实际值是安全的。在调用方法时，如果形式参数（在定义方法时，方法名称后面的参数称为形式参数，简称形参）的类型与实参类型相同，且调用的实参的表达式是正确的表达式值时，才能正确调用方法，否则出错。

地址传递方式和值传递方式非常不同，当利用地址传递方式向方法传递数值时，编译程序将方法的形参地址指向相对应的实参地址，被调用的方法在运行过程中可以修改实参的数值，当方法调用结束时，实参可能发生变化。

4. New 方法

New 方法是类中非常特殊的方法，当使用类定义对象时，该方法总是被最先执行，用于完成类实例化的初始化。每个类中都有一个 New 方法，称为构造方法（或构造函数）。即使编程时没有声明构造方法，编译器也会自动提供一个默认的构造方法。在访问一个类时，系统将最先执行 New 方法中的语句。

注意

New 方法是在类内部提供的，或者类默认的，或者程序员自己编写的，而非在应用程序中实例化一个对象时用到的 New 关键字。

在类中声明一个 New 方法的语法格式为：

```
Public Sub New()
    '添加初始化代码
    ……
End Public
```

使用构造方法应注意以下几点：

（1）构造方法名称必须是 New，一般是 Public 类型。

（2）构造方法是 Sub 类型，因而不能有返回值。

（3）构造方法可以带参数。

（4）无论构造方法是 Public 还是 Protected 类型，都不能被子类继承，子类必须重新定义自己的构造方法。

（5）使用重载方法可以使一个类中有多个 New 方法，初始化时根据输入参数的不同而执行不同的初始化工作。

（6）在构造方法中不要做对类进行初始化以外的事情，同时也不能调用 New 方法。

【例 12-7】 定义 Person 类的构造方法。

```
Public Sub New()
    Age=0
    Height=0
End Sub
```

12.4.4 定义成员事件

属性和方法属于入端接口，因为它们是从对象外面调用的。相对而言，事件被叫做出端接口，因为它们在对象里面产生，由外部的程序代码触发。

事件为类和类的实例提供了向外界发出通知的能力，通过事件对象可以响应用户的操作，与用户进行交互。事件声明的语法格式为：

```
[Modifier] Event EnentName (Parameter_List)
Public Sub DoEventName()
    '添加事件代码
    RaiseEvent EventName(Parameters)
    '调用事件
End Sub
```

其中，事件的修饰符 Modifier 可以是：

（1）Public 公有类型，可以被任何对象访问。

（2）Protected 保护类型，只能被本身的类创建的对象或其子类创建的对象访问。

（3）Private 私有类型，只能通过发送对象来获得该事件。

（4）Friend 友好类型，可以被所有工程或组件中的全部对象访问。

（5）Shared 共享类型，可以由共享方法或普通方法访问。

声明一个事件使用 Event 关键字，在类中声明一个事件后必须声明一个调用该事件的方法，在该方法中填写事件的代码，并使用 RaiseEvent 关键字调用该事件。即外部代码首先使用了对象的某些方法，而在该方法中我们在设计类的时候就事先安排好了地雷——方法中执行了 RaiseEvent 语句来调用类中 Event 声明的事件。触发了这个地雷后，外部代码又可以捕获到该地雷爆炸的信息，即可以通过一定的例程 Sub 以及后面附带的 Handles 关键字来捕捉及响应该事件。

12.4.5 共享方法和共享属性

随着对象的功能越来越强大，有时想访问类中的一些变量、方法而不希望实例化这个类，在 Visual Basic.NET 中可以通过共享成员和共享方法来实现这个特殊的需求。

1. 共享方法

一个类不仅可以拥有所有一般的方法和属性（这些方法和属性可以由创建类的实例来实现），而且还可以拥有一些不需要创建类的实例的方法，这些方法就是共享方法。

一个共享方法不能只像一般方法那样在类中声明，因为一般方法必须通过一个对象的实例来访问，而共享方法可以对类直接访问。例如：

```
Public Class MyMath
    Shared Function Add(ByVal a As Integer,ByVal b As Integer) As Integer
```

```
        Return a+b
    End Function
End Class
```

可以不用实例化一个 MyMath 对象，就可以访问它的 Add 方法，在其他应用程序中共享可以直接使用如下代码：

```
Dim sum As Integer
Sum=MyMath.Add(3,6)
```

共享方法不仅可以通过通常的方法来访问，而且可以在不需要创建一个对象的条件下提供访问的功能。实际上，当一个共享方法被调用时，没有任何对象被创建，它就像模块（Module）中的一个程序一样可以直接被调用。

共享方法的默认访问权限是 Public，还可以设置为 Friend、Protected 或者 Private。

2．共享成员

有时，类的所有实例需要共享一个数值，通过这个数值可以反映所有实例对象的公共特征，或者也可以被每个类的对象共享访问，这就需要用共享成员来实现，它是在类中定义的一个特殊变量。

类似共享方法，共享成员也是通过关键字 Shared 来定义的，例如，在 Person 类中添加一个共享成员：

```
Private Shared PersonCount As Integer=0
```

默认时，共享成员的访问权限是 Private。

12.5 实 训 项 目

【实训 12-1】 学生类的定义

1．实训目的

（1）掌握类的命名空间的使用。
（2）掌握类的成员的定义方法。

2．实训要求

（1）定义学生类的名字为 Student。
（2）定义学生类的成员变量有学号（stuNum）、姓名（stuName）、入学时间（stuTime）、家庭住址（stuAddress）和联系电话（stuTelephone）。

任务 13

构建汽车类及其继承类
SportsCar

13.1　任务要求

创建一个汽车类（Car）及其继承类跑车类（SportsCar），要求：

（1）汽车类中包括颜色属性（Color）、速度属性（speed1）、HorsePower 属性（其功能是表示汽车的马力）和只读属性（Speed），其中只读属性 Speed 的功能是为了显示速度。

（2）汽车类中包括构造函数、加速度方法（Accelerate）和 DisplayCarDetails 方法，其中 DisplayCarDetails 方法的功能是显示汽车的详细资料。

（3）跑车类中包括 Weight 类（其功能是表示汽车的重量）。

（4）显示所有的信息。

13.2　知 识 要 点

13.2.1　类的继承

1. 继承的概念

一个类从另一个基类或父类中派生出来时，派生类从基类那里继承特性。派生类也可以作为其

他类的基类。在 Visual Basic.NET 中派生类只能从一个基类中继承，即一个派生类只能有一个基类，但是一个基类可以有多个派生类。派生类可以从它的基类中继承成员、属性、方法和事件。

面向对象的继承有很多术语，常用的说法有：

（1）基类、父类和超级类是等同的。

（2）派生类和子类是等同的。

2. 基本继承

继承的最大好处是可以实现代码复用，子类从父类中继承各种特征，只要在子类中添加自己的特性代码就可以形成新的类。基本继承的语法格式为：

```
Public Class SubClass
    Inherits FatherClass
End Class
```

其中，关键字 Inherits 用来说明该类继承了哪一个已经存在的类，Inherits 只有在类中才能使用。

【例 13-1】 类的继承（以 Person 类及其所在的 MyClass 项目里的 Form1 为例）。

将 Person 类作为父类，继承产生 Teacher 子类，打开 Person.vb 文件，在代码窗口中添加如下代码：

```
Public Class Teacher
    Inherits Person '继承 Person 类
    Private TeacherSalary As Decimal
    Public Sub New(ByVal Age As Integer, ByVal Tall As Single, ByVal Gender As
                                        String, ByVal Sa As Decimal) '构造函数
        MyBase.new(Age, Tall, Gender) '调用基类的构造方法
        TeacherSalary=Sa
    End Sub
    Public Property salary() As Decimal
        Get
            Return TeacherSalary
        End Get
        Set(ByVal value As Decimal)
            TeacherSalary=value
        End Set
    End Property
    Public Sub Describe(ByVal Name As String)
        Dim strDescribe As String
        strDescribe="年龄: " & Str(Age) & ";性别: " & Gender & ";工资: "
  & Str(TeacherSalary)
        MsgBox(strDescribe, , Name)
    End Sub
End Class
```

Teacher 子类从 Person 类中继承了基本的方法、属性和事件，同时自己还定义了新的构造方法、属性 Salary 和方法 Describe。

3. 继承的规则

（1）一个继承类只能从一个类继承而来，但它可以产生无数个接口。

（2）一个共有的类不能继承一个 Friend 的或 Private 的类，而且一个 Friend 类不能继承一个 Private 类。

13.2.2　重载

Visual Basic.NET 的一个新特性是有重载方法的能力。重载是可以在一个类中多次声明相同名字的方法只要每一次的声明都有不同的参数列表。

不同的参数列表意味着在列表中不同类型的数据类型。现在让我们先看看以下的方法声明：

```
Public Sub MyMethod(X As Integer, Y As Integer)
```

这种方法的参数列表可以看成（Integer,Integer）。为了重载这种方法，必须使用不同的参数列表，例如（Integer,Double）。当然还可以改变一下数据类型的顺序，比如（Integer,Double）和（Double,Integer）是不同的，这两种也是重载。重载不能只是通过改变函数的返回类型来实现，而是要求参数的数据类型不同。

13.2.3　类的多态性

多态性（Polymorphism）是指当两个或两个以上的类具有类似的属性或方法时，编译程序自动根据这些属性和方法找到相应对象的能力。

多态性常与继承有关，这是因为对方法的重载会引发多态性的实现，即多态性常常伴随着对类的继承及重载而存在。除此之外，多态性还可以存在于独立的类中，即不相干的没有任何继承关系的类之间也可以利用多态性来实现对一些接口的共享。

程序重复定义的概念创造了多态性的对象。程序重复定义的方法是：子类重复定义（Override）父类的程序，当然经过重复定义后的子类程序，肯定和父类不完全相同了。由于父类与子类的继承关系，子类是父类的一种，所以父类和子类为同种，大部分功能是相似的；然而由于重复定义的程序，在父类与子类有不同的定义，在一些具体属性、方法上会产生一定的差别，也就是父类和子类的对象有不同的行为。所以上述父类和子类的对象被称为多形对象（Polymorphic Object）。

例如 Teacher 类的 Salary()方法的多态性。如图 13-1 所示。在这个类的体系中共有三个类，每个类都有自己的 Salary 方法，其中 Professor 以及 Lecturer 子类的 Salary 方法都是在 Teacher 类的 Salary 方法上改写的。由于方法是对象的行为，它们属于不同的对象，因而有不同的行为。在同一类别体系中的对象为同一种，但行为不同，这些对象就称为多态性对象，而像 Salary 这样的方法则称为多态性方法。

图 13-1　Teacher 类的 Salary()方法的多态性

13.3 设 计 过 程

13.3.1 创建项目

（1）从 Windows 的"开始"菜单中，启动 Microsoft Visual Studio.NET。

（2）在 Visual Basic.NET 集成开发环境（IDE）中，选择"文件"→"新建项目"菜单命令，打开"新建项目"对话框，如图 13-2 所示。

（3）选择"控制台应用程序"，然后单击"确定"按钮。IDE 中将显示一个新的项目，并且项目所需的文件 My Project 和 Module1 也将添加到"解决方案资源管理器"窗口中。同时系统默认应用程序项目的名称为"ConsoleApplication1"。

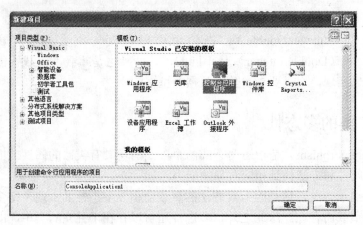

图 13-2 "新建项目"对话框

13.3.2 创建一个新类

（1）在解决方案资源管理器中，右击项目名称 ConsoleApplication1，在弹出的快捷菜单中选择"添加"→"类"菜单命令，系统就会弹出"添加新项"对话框，如图 13-3 所示，在模板中选择"类"，在名称处添加新建类的名字"Car.vb"，单击"添加"按钮，此时，在解决方案资源管理器中将出现一个名字为"Car.vb"的类文件。

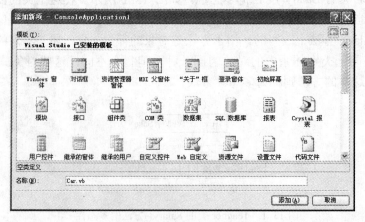

图 13-3 "添加新项"对话框

（2）在类 Car 的代码窗口中编写代码如下：

```
Public Class Car
    Public Color As String
    Private speed1 As Integer
    Public HorsePower As Integer  '汽车马力
    '为了显示速度 speed1，需要构建一个只读属性
    ReadOnly Property Speed() As Integer
        Get
            Return speed1
        End Get
    End Property
    '构建方法，该方法通过指定每小时多少公里来调节汽车的速度
    Sub Accelerate(ByVal accelerateBy As Integer)
        speed1 += accelerateBy
    End Sub
    '构造函数
    Sub New()
        Color="White"
        speed1=0
    End Sub
End Class
```

（3）用同样的方法创建一个新的类文件 SportsCar.vb，它是类 Car 的继承类。

（4）在 SportsCar.vb 的代码窗口编写如下代码：

```
Public Class SportCar
    Inherits Car
    Public Weight As Integer
End Class
```

13.3.3　编写代码

在 Module1.vb 文件中编写代码，以实现类的调用和显示。

```
Module Module1
    Sub Main()
        Dim myCar As Car
        myCar=New Car()
        myCar.Color="Red"
        '测试颜色，在控制台显示结果
        Console.WriteLine("My car is this color:")
        Console.WriteLine(myCar.Color)
        '测试速度和方法，在控制台显示结果
        Console.WriteLine("The car's speed is:")
        Console.WriteLine(myCar.Speed)
        myCar.Accelerate(5)
        Console.WriteLine("The car's speed is now:")
        Console.WriteLine(myCar.Speed)
        DisplayCarDetails(myCar)
        '测试继承类
```

```
            Dim mySportsCar As SportCar
            mySportsCar=New SportCar()
            mySportsCar.HorsePower=120
            mySportsCar.Weight=1560
            Console.WriteLine("Sports Car Horsepower:" & mySportsCar.HorsePower)
            Console.WriteLine("Sports Car Weight:" & mySportsCar.Weight)
            '按下回车键，结束程序
            Console.ReadLine()
        End Sub
        Sub DisplayCarDetails(ByVal myCar As Car)
            Console.WriteLine("Color:" & myCar.Color)
            Console.WriteLine("Current speed:" & myCar.Speed)
            Console.WriteLine()
        End Sub
End Module
```

13.3.4 运行和测试程序

运行调试程序可以选择"调试"→"启动调试"菜单命令或按 F5 键，也可以单击"工具栏"中的"启动调试"按钮。如果程序没有错误，程序运行结果如图 13-4 所示。

图 13-4 程序运行结果

13.4 操 作 要 点

13.4.1 MyBase 关键字

当用户在继承类中重载基本类的方法时，可以使用 MyBase 调用基本类中的方法。

（1）MyBase 是对基本类和它的继承成员的引用，而且可以访问它的基本类定义的公有成员。它不能访问基本类的私有成员。

（2）在 MyBase 中限定的一些方法，没有必要在 MyBase 中再进行定义，它可以间接地在继承类中进行定义，为了使 MyBase 可以正确地引用和编译，一些基础类必须在引用时包含一个和其参数名称及类型匹配的方法。

（3）MyBase 不能用来限定本身，所以下面的描述是错误的：

```
MyBase.MyBase.BtnOK_Click()
```

（4）MyBase 是一个关键字。

（5）MyBase 不能被用成一个变量，或者是过程，或者用在"Is"比较中，MyBase 并不是一个真正的对象。

（6）MyBase 可以被用做一个共享成员，这时它是有值的，因为共享成员是可以被 Shadowed。

（7）MyBase 不能在模块中使用。

13.4.2　MyClass 关键字

（1）MyClass 允许调用一个可以重载的方法，并且确认调用的是方法里的 implementation 过程，而不是继承类里的重载方法，下面的使用方法是合法的：用 MyClass 在一个类中去限定一个方法，这个方法在基本类中有定义，但是在这个类中没有这个方法的定义。这种引用和 MyClass.Method 具有同样的意义。

（2）MyClass 是一个关键字

（3）MyClass 不能被用成一个变量，或者是过程，或者用在"Is"比较中，MyClass 并不是一个真正的对象。

（4）MyClass 可以引用包含的类以及它的继承成员，并且能够被用做访问在类中定义的公有成员，但是不能访问类中的私有成员。

（5）MyClass 可以被用做共享成员的限定。

（6）MyClass 不能被用在标准模块中。

13.5　实 训 项 目

【实训 13-1】　定义 12.5【实训 12-1】中 Student 类的继承类大学生（stuCollege）

1．实训目的

（1）掌握继承类的定义方法。

（2）掌握构造函数的定义及使用。

2．实训内容

（1）定义 stuCollege 为 Student 类的继承类。

（2）添加新的类成员系别（stuColDepartment）和专业（stuColSpecialty）。

（3）利用构造函数对其进行初始化；

（4）在控制台进行调用，运行结果如图 13-5 所示。

图 13-5　【实训 13-1】运行结果

任务 14

文件和目录的遍历

14.1 任务要求

设计一个程序，用文件系统控件和树型视图控件实现文件和目录的遍历，如果在驱动器列表框中选择盘符，在目录列表框中双击当前盘符下的文件，则在树形视图控件中将列出该文件夹下的所有文件。

14.2 知识要点

Visual Basic.NET 的输入/输出既可以在标准输入/输出设备上进行，也可以在其他设备如磁盘、磁带等后备存储器上进行。由于后备存储器上的数据是由文件构成的，因此非标准的输入/输出通常被称为文件处理。在目前计算机系统中，除终端外，使用最广泛的输入/输出设备就是磁盘。

在计算机科学技术中，常用"文件"这一术语表示输入/输出的对象。所谓"文件"是指记录在外部介质上的数据的集合。广义地说，任何输入/输出设备都是文件。在程序设计中，文件是十分有用且不可缺少的。下面将介绍在 Visual Basic.NET 中如何对文件进行管理。

14.2.1　文件系统控件

Visual Basic.NET 中有关文件操作常用的控件有驱动列表框、目录列表框和文件列表框，它们不在工具箱中，需要被添加到工具箱后才能使用。

1．文件系统控件的添加

选择"工具"→"选择工具箱项"菜单命令，弹出"选择工具箱项"对话框，如图 14-1 所示，单击"．NET Framework 组件"选项卡，在选项卡中选中 DriveListBox、DirListBox 和 FileListBox，单击"确定"按钮，这样，就将三个文件系统控件添加到了工具箱中。

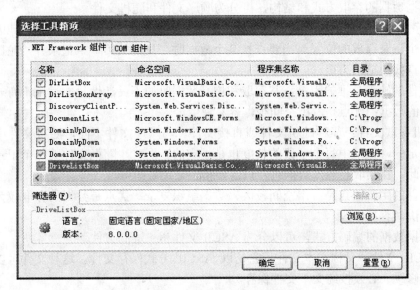

图 14-1　"选择工具箱项"对话框

2．驱动列表框（DriveListBox)

该控件以组合框的形式显示系统中的所有驱动器列表。

（1）Drive 属性。用于设置驱动器列表。

（2）SelectedIndexChanged 事件。当驱动器列表框中驱动器的内容发生改变时触发该事件。

3．目录列表框（DirListBox)

该控件用于以列表的形式显示驱动器上的目录，各个目录之间按照原始的层次关系进行排列。

（1）Path 属性。用于设置需要显示的目录的路径。

（2）DoubleClick 事件。当双击目录列表框中的项目时触发该事件。

4．文件列表框（FileListBox)

该控件以详细列表的形式显示指定目录下的所有文件。

（1）Path 属性。用于设置文件列表框中显示的所有文件的路径。

（2）常用事件。单击事件（Click）和双击事件（DoubleClick）。

14.2.2　文件的打开与关闭

1．文件的种类

根据不同的分类标准，文件可以分为不同的类型。

（1）根据数据性质，可分为程序文件和数据文件。

① 程序文件：它存放的是可以由计算机执行的程序，包括源文件和可执行文件。在 Visual Basic.NET 中，扩展名为.exe、. Visual Basic、和.sln 等文件都是程序文件。

② 数据文件：它是用来存放普通的数据。这类数据必须通过程序来存取和管理。

（2）根据数据的存取方式和结构，可分为顺序文件和随机文件。

① 顺序文件：它的结构比较简单，文件中的记录一个接一个地连续存放，因此，只可能知道第一个记录存放的位置，当要查找某个数据时，只能从第一个记录开始顺序地读取，直到找到要查找的记录为止。

顺序文件的缺点是维护困难，其存取和增减数据时的不灵活性只能适用于有一定规律且不经常修改的数据；优点是占用空间少，容易使用。

② 随机存取文件：简称随机文件或直接文件。与顺序文件不同，随机文件中每个记录的长度是固定的，记录中每个字段的长度也是固定的。同时，随机文件的每个记录都有一个记录号，因此，在读取和写入数据时，只需要指定记录号即可。

随机文件的主要缺点是占用空间较大，数据组织复杂；优点是数据的存取较为灵活、方便，速度较快，容易修改。

（3）根据数据的编码方式，可以分为 ASCII 文件和二进制文件。

① ASCII 文件：又称文本文件，它是以 ASCII 方式保存文件。这种文件可以用字处理软件建立和修改（必须按纯文本文件保存）。

② 二进制文件：以二进制方式保存的文件。二进制文件不能用普通的字处理软件编辑，占空间较小。

2．数据文件的操作步骤

在 Visual Basic.NET 中，数据文件的操作按如下步骤进行：

（1）打开（或建立）文件。

一个文件必须先打开或建立后才能使用，如果一个文件已经存在，则打开文件；如果不存在，则建立该文件。

（2）进行读、写操作。

在打开（或建立）的文件上执行所要求的输入/输出操作。在文件处理中，把内存中的数据传输到相关联的外部设备中并作为文件存放的操作叫做写数据，而把数据文件中的数据传输到内存程序中的操作叫做读数据。一般来说，在主存与外设的数据传输中，由主存到外设叫做输出或写，而由外设到主存叫做输入或读。

（3）关闭文件。

3．文件的打开

在 Visual Basic.NET 中，用 FileOpen 函数打开或建立一个文件，其功能是为文件的输入输出分配缓冲区，并确定缓冲区所使用的访问方式。其语法格式为：

FileOpen(文件号,文件名[,方式][,访问类型][,共享类型][,记录长度])

其中：

（1）文件号：必选。它是一个 Integer 类型值，执行该函数时，打开文件的文件号与一个具体的文件相关联，一个文件号在某个生命周期内只能代表一个文件。用 FreeFile 函数可以获取下一个可用的文件号。

（2）文件名：必选。它是一个字符串，用来指定要打开或建立的文件名，可以包含路径。

（3）方式：可选。用来指定文件的输入/输出方式，其值为枚举类型 OpenMode，包括下列成员：

● Output：顺序输出方式。

● Input：顺序输入方式。

● Append：顺序输出方式，与 Output 不同的是，当用该方式打开文件时，文件指针被定在文件末尾。如果对文件执行写操作，则写入的数据将附加到原来文件的后面。

● Random：随机存取方式，也是默认方式。在该方式中，如果没有"访问类型"子句，则在执行 FileOpen 函数时，Visual Basic.NET 将按下列顺序打开文件：

① ReadWrite；② Read；③ Write。

● Binary：二进制方式。在该方式下，可以对文件中任何位置的字节进行读/写。如果没有"访问类型"子句，则打开文件的类型与 Random 方式相同。

当在程序中指定输入/输出方式时，应加上枚举类型 OpenMode 的名字，写成 OpenMode.Output、OpenMode.Input 等。

（4）访问类型：可选。指定访问文件的类型，其值为枚举类型 OpenAccess，包括以下成员：

● Default：打开读/写文件。

● Read：打开只读文件。

● Write：打开只写文件。

● ReadWrite：打开读/写文件。

当在程序中指定访问类型时，应加上枚举类型 OpenAccess 的名字，写成 OpenAccess.Default、OpenAccess.Read 等。

🏆 注意

Default 和 ReadWrite 这两种访问类型只对随机文件、二进制文件和用 Append 方式打开的文件有效。

（5）共享类型：可选。只在多用户或多进程环境中使用，用来限制其他用户或其他进程对打开的文件进行读/写操作。其值为枚举类型 OpenShare，包括以下成员：

● Default：共享，同 Shared。

● Shared： 任何机器上的任何进程都可以对该文件进行读/写操作。

● Lock Read：不允许其他进程读该文件，只在没有其他 Read 访问类型的进程访问该文件时，才允许这种共享类型。

- Lock Write：不允许其他进程写这个文件，只在没有其他 Write 访问类型的进程访问该文件时，才能使用这种共享类型。
- Lock Read Write：不允许其他进程读写这个文件。

当在程序中指定共享类型时，应加上枚举类型 OpenShare 的名字，写成 OpenShare.Shared、OpenShare.LockRead 等。

（6）记录长度：可选。它是一个 Integer 类型表达式。当选择该参数时，为随机存取文件设置记录长度，对于用随机访问方式打开的文件，该值是记录长度；对于顺序文件，该值是缓冲字符数。"记录长度"的值不能超过 32767B。对于二进制文件，将忽略"记录长度"。

在顺序文件中，"记录长度"不需要与各个记录的大小相对应，因为顺序文件各个记录的长度可以不相同。

💧 **注意**

（1）为了满足不同存取方式的需要，对同一个文件可以用几个不同的文件号打开，每个文件号有自己的一个缓冲区。对于不同的访问方式，可以使用不同的缓冲区。但是，当使用 Output 或 Append 方式时，必须先将文件关闭，才能重新打开文件。而当使用 Input、Random 或 Binary 方式时，不关闭文件就可以用不同的文件号打开文件。

（2）FileOpen 函数兼有打开文件和建立文件两种功能。在对一个数据文件进行读、写、修改或增加数据之前，必须先用 FileOpen 函数打开或建立该文件。如果为输入打开的文件不存在，则产生"文件未找到"错误；如果为输出、附加或随机访问方式打开的文件不存在，则建立相应的文件；此外，在 FileOpen 函数中，任何一个参数的值如果超出给定的范围，则产生"非法功能调用"错误，而且文件不能被打开。

在任务 10 "文件" → "打开"菜单命令的单击事件中，对文件的操作代码如下：

```
FileOpen(1, OpenFileDialog1.FileName, OpenMode.Input)
```

该语句的功能是打开在"打开文件"通用对话框中选定的文件，并进行读操作。

4. 文件的关闭

文件的读/写操作结束后，应将文件关闭。在 Visual Basic.NET 中，通过 FileClose 函数实现，该函数的功能是用来结束文件的输入/输出操作，其语法格式为：

```
FileClose([文件号])
```

💧 **注意**

（1）FileClose 函数用来关闭文件，它是在打开文件之后进行的操作。格式中的"文件号"是 FileOpen 函数中使用的文件号。关闭一个数据文件具有两个方面的作用：第一，把文件缓冲区中的所有数据写到文件中；第二，释放与该文件相联系的文件号，以供其他 FileOpen 函数使用。

（2）FileClose 函数中的"文件号"是可选的。如果指定了文件号，则把指定的文件关闭；如果不指定文件号，则把所有打开的文件全部关闭。

（3）除了用 FileClose 函数关闭文件外，在程序结束时将自动关闭所有打开的数据文件。

（4）FileClose 函数使 Visual Basic.NET 结束对文件的使用，它的操作十分简单，但绝不是可有可无的。因为磁盘文件同内存之间的信息交换是通过缓冲区进行的。如果关闭的是为顺序输出而打开的文件，则缓冲区中最后的内容将被写入文件；当打开的文件或设备正在输出时，执行 FileClose 函数后，不会使输出信息的操作中断；如果不使用 FileClose 函数关闭文件，则可能使某些需要写入的数据不能从内存（缓冲区）送入文件中。

14.2.3　顺序文件的读操作与写操作

在顺序文件中，记录的逻辑顺序与存储顺序相一致，对文件的读写操作只能一个记录一个记录地进行。读操作是把文件中的数据读到内存，标准输入是从键盘上输入数据，而键盘设备也可以看做是一个文件。写操作是把内存中的数据输出到屏幕上，而屏幕设备也可以看做是一个文件。

1．读操作

在顺序文件中，读数据的操作由 Input 函数和 LineInput 函数实现。

（1）Input 函数。该函数的功能是从一个顺序文件中读出数据项，并把这些数据项赋给程序变量，其语法格式为：

```
Input(文件号,变量)
```

其中：

① 变量：为 Object 类型，既可以是数值变量，也可以是字符串变量，但不能是数组或对象变量。从数据文件中读出的数据将赋值给该变量，文件中数据项的类型应该与 Input 函数中变量的类型匹配。

② 用 Input 函数每次只能从文件中读取一个数据，把这个数据赋值给"变量"。为了读出全部数据，可将其放在循环中，用 EOF 函数判断是否已到文件末尾。例如，从文件中读出一个数据项，并将其赋值给字符串型变量 indata，编写代码如下：

```
Dim indata As String
Do While Not EOF(1)
    Input(1,indata)
Loop
```

③ Input 函数通常用来读取由 Print 或 Write 函数写入的文件。

（2）LineInput 函数。该函数的功能是从顺序文件中读取一个完整的行，并把它赋值给一个字符串型变量。其语法格式为：

```
字符串变量=LineInput(文件号)
```

其中：

字符串变量：是一个字符串简单变量名，也可以是一个字符串数组元素名，其功能是接收从顺序文件中读出的字符行。

在文件操作中，LineInput 函数与 Input 函数功能类似，只是 Input 函数读取的是文件中

的数据项，而 LineInput 函数读取的是文件中的一行，它还可以用于随机文件。例如，从文件中读出一个数据项，并将其赋值给字符串型变量 Indata，编写代码如下：

```
Dim indata As String
Do While Not EOF(1)
    Indata=LineInput(1)
Loop
```

2. 写操作

文件的写操作可以由以下函数来完成。

（1）Print 和 PrintLine 函数。Print 和 PrintLine 函数的功能都是把数据写入文件，两者唯一的区别是：Print 不在行尾包含换行，而 PrintLine 在行尾包含换行。两者的语法格式为：

```
Print(文件号,[[Spc(n)|Tab(n)][表达式列表]])
        PrintLine（文件号，[[Spc(n)|Tab(n)][表达式列表]]）
```

其中：

Spc(n)|Tab(n)：可选项。是两个产生空格的函数，将在本节（3）中进行详细介绍。

表达式列表：可选项。是一个或多个表达式，可以是数值表达式或字符串。对于数值表达式而言，表达式的值输出到文件；而字符串则直接输出。当该项省略时，打印的是一个空行。

使用两个函数时应注意以下事项：

① 当输出多个表达式或字符串时，各表达式用分隔符（逗号）隔开，如果输出的各个表达式之间用逗号分隔，则按标准输出格式写入数据项。一个逗号代表 14 个字符的位置。

② Print 函数具有计算和输出双重功能，对于表达式，它先计算再输出。

③ 一般情况下，Print 函数不能自动换行，执行 Print 函数时将在前一行的后面显示信息。为了能按指定的格式输出数据，必须显示地加上空行，例如：

```
Dim CrL As Sring=Chr(13) & Chr(10)
Print(1,"1+2=")
Print(1, 1+2,CrL)
Print(1,"1+5=")
Print(1, 1+5)
```

则输出结果为：

```
1+2=3
1+5=6
```

④ 执行 Print 函数后，并不是立即把缓冲区中的内容写入磁盘，只有在满足下列条件之一时才进行写入磁盘操作。

● 关闭文件。

● 缓冲区已满。

● 缓冲区未满，但执行下一个 Print 函数。

（2）Write 和 WriteLine 函数。Write 和 WriteLine 函数的功能都是把数据写入顺序文件中，其语法格式为：

```
Write(文件号,表达式列表)
WriteLine(文件号,表达式列表)
```

两者的主要区别是 Write 函数不在行尾包含换行；而 WriteLine 函数在行尾包含换行。

Write 函数和 WriteLine 函数在使用过程中有以下几点说明：

① "表达式列表"含义同（1）。当使用 Write 函数时，文件必须以 Output 或 Append 方式打开，"表达式列表"中的各项以逗号分开。

② Write 函数与 Print 函数的功能基本相同，但两者的主要区别是：当把数据项写入文件时，Write 函数会自动为字符串数据项加上双引号，并在数据项之间插入逗号，而 Print 函数不具有此功能。

③ Write 函数把输出项中的最后一个字符写入文件后，将自动插入一个逗号，而 WriteLine 函数在最后一个字符后自动插入换行符（Chr(10)+Chr(13)），不插入逗号。

（3）Tab、Spc 和 Space 函数。

① Tab 函数。该函数的功能是把光标移动到其所在行的第 n 个位置，从这个位置开始输出信息。准备输出的内容将放在 Tab 函数后面，并用逗号隔开，其语法格式为：

```
Tab(n)
```

🔍 **说明**

- 参数 n 为数值表达式，其值是一个 Short 类型值，它是下一个输出位置的列号，表示在输出前把光标移到该列，通常最左边的列号为 1，如果当前的显示位置已经超过 n，则自动下移一行。
- 在 Visual Basic.NET 中，对参数 n 的取值范围没有具体限定，当 n 比行宽大时，显示的位置为 n Mod 行宽；如果 n<1，则把输出位置移到第一列。
- 当在一个 Print 函数中有多个 Tab 函数时，每个 Tab 函数对应一个输出项，各个输出项之间用逗号隔开。

例如，在第 6 个位置输出 25，则该语句为：

```
Print(1,Tab(6),25)
```

② Spc 函数。该函数的功能是在 Print 的输出中，用 Spc 函数可以跳过 n 个空格，其语法格式为：

```
Spc(n)
```

🔍 **说明**

- 参数 n 是一个数值表达式，其取值范围为 0～32767 的 Short 类型值，Spc 函数与输出项之间用逗号隔开。
- Spc 函数和 Tab 函数作用类似，而且可以相互替代，但两者唯一的区别是 n 的计算方法不同，在 Tab 函数中，n 是从光标所在行的最左端开始计数；而 Spc 函数中的 n 是从光标所在位置开始计算，即 n 表示两个输出项之间的间隔。
- 如果 n 小于输出行的宽度，则下一个输出位置将紧接在前一个输出 n 个空格之后；

如果 n 大于输出行的宽度，则用下面的公式计算下一个输出位置：

当前输出位置+（n Mod 行宽）

③ Space 函数。该函数的功能是返回 n 个空格，其语法格式为：

Space(n)

14.2.4　随机文件的操作

1. 随机文件特点

与顺序文件相比较，顺序文件具有如下特点：

（1）随机文件的记录是定长记录，只有给出记录号 n，才能通过[(n-1)×记录长度]计算出该记录与文件首记录的相对地址。因此，在用 FileOpen 函数打开文件时，必须指定记录的长度。

（2）每个记录划分为若干个字段，每个字段的长度等于相应的变量的长度。

（3）各变量（数据项）要按一定格式置入相应的字段。

（4）打开随机文件后，既可以读也可以写。

2. 随机文件的写操作

随机文件与顺序文件的读写操作类似，但通常把需要读写的记录中的各个字段放在一个结构类型中，同时应指定每个结构的长度。

随机文件的写操作分为以下 4 个步骤：

（1）定义数据类型。随机文件由固定长度的记录组成，每个记录含有若干个字段，通常把记录中的各个字段放在一个结构类型中，结构类型用 Structure…End Structure 语句定义。

（2）打开随机文件。与顺序文件不同，打开一个随机文件后，既可以用于写操作，也可以用于读操作。打开随机文件的语法格式为：

FileOpen(文件号,"文件名",OpenMode.Random,OpenAccess.ReadWrite,记录长度)

其中，"记录长度"等于各个字段长度之和，以字符（字节）为单位。由于默认的访问类型为读/写（OpenAccess.ReadWrite），因此格式中的 OpenAccess.ReadWrite 可以省略。

（3）将内存中的数据写入磁盘。随机文件的写操作通过 FilePut 函数实现，其语法格式为：

FilePut(文件号,变量[,记录号])

其中，"变量"是除对象变量和数组变量外的任何变量（包括含有单个数组元素的下标变量）。FilePut 函数的功能是把"变量"的内容写入由"文件号"所指定的磁盘文件中。

在进行随机文件的写操作时，应注意如下事项：

（1）"记录号"的取值范围是 1～2147483647。对于用 Random 方式打开的文件，"记录号"是需要写入的记录编号，若省略，则写到下一个记录位置。

（2）FilePut 函数只能用于 Random 和 Binary 方式，用 FilePut 函数写入的数据通常由 FileGet 函数从文件中读取。

（3）若写入的数据长度大于 FileOpen 函数的"记录长度"子句中指定的长度，则将出现错误。

（4）若写入的变量是字符串，则 FilePut 将写入同样包含该字符串长度的双字节说明符，然后写入变量中的数据。

3. 随机文件的读操作

从随机文件中读取数据的操作与写文件操作步骤类似，只是把第三步中的 FilePut 函数用 FileGet 函数代替，其语法格式为：

```
FileGet（文件号,变量[,记录号]）
```

该函数的功能是把由"文件号"所指定的磁盘文件中的数据读到"变量"中。

14.2.5 二进制文件

1. 二进制文件与随机文件的存取操作类似，主要体现在以下两个方面

（1）不需要在读和写之间切换。在执行 FileOpen 函数打开文件后，对该文件既可以读，也可以写，并且利用二进制存取可以在一个打开的文件中前后移动，可以用下面的语句打开二进制输入/输出文件：

```
FileOpen(文件号,文件名,OpenMode.Binary)
```

（2）读写随机文件的函数也可以用于读写二进制文件，即：

```
FileGet|FilePut(文件号,变量,[位置])
```

其中：

① 变量：可以是任何类型，包括字符串和记录类型。

② 位置：指明下一个 FileGet 或 FilePut 操作在文件的位置，它是相对于文件开头而言，即第一个字节的"位置"是 1。如果省略该值，则 FileGet 和 FilePut 操作将文件指针顺序地从第一个字节扫描到最后一个字节。

2. 二进制文件与随机文件的相同点

（1）二进制存取可以移到文件中的任一字节位置上，然后根据需要读、写任意个字节；而随机存取每次只能移到一个记录的边界上，读取固定个数的字节（一个记录的长度）。

（2）对二进制存取而言，FileOpen 函数中的"记录长度"子句无效，此外，FilePut 函数写入的字节数等于字符串所包含的字符数。

14.2.6 文件操作

文件操作可以通过 System.IO 命名空间中的 File 类来实现，该类提供了一些方法和属性，可以执行文件的建立、删除和复制等操作。这些方法可以直接使用。

1. Copy 方法

该方法的功能是把现有的文件复制成一个新文件，其语法格式为：

```
Copy(源文件名,目标文件名,overwrite)
```

其中:

（1）源文件名：是一个字符串类型值，指定要复制的源文件名称。

（2）目标文件名：是一个字符串类型值，指定新文件名。

（3）overwrite：是一个 Boolean 类型值，如果该参数为 True，则当目标文件存在时将被覆盖；如果为 False，则不覆盖。

2.Create 方法

该方法用来在指定的路径下建立一个文件，其语法格式为：

```
Create(文件名)
```

其中"文件名"是要建立的文件的名称，可以含有路径。

🔍 说明

（1）如果方法调用成功，则返回新建立的文件。

（2）如果所建立的文件与已有的文件同名，则原有的文件将被替换。**Create** 方法以可读写的方式打开文件，此时，其他应用程序不能访问刚建立的文件。

（3）建立的"文件名"包括路径和文件名称两个部分，其中路径最多不能超过 248 个字符，而文件名称不能超过 259 个字符。

3. Exists 方法

该方法可以测试一个指定的文件（包括路径）是否存在，其语法格式为：

```
File.Exists(文件名)
```

其中"文件名"是要测试的文件名称。如果要测试的文件存在，则该函数的返回值为 True，否则返回值为 False。

4. GetCreationTime 方法

该方法用来获取指定文件（包括路径的）的建立日期和时间，其语法格式为：

```
File.GetCreationTime(文件名)
```

如果方法调用成功，则返回文件的建立日期和时间。

5. GetLastAccessTime 方法

该方法用来获取指定文件（包括路径）的上一次访问日期和时间，其语法格式为：

```
File.GetLastAccessTime(文件名)
```

如果方法调用成功，则返回上一次访问的日期和时间。

6. GetLastWriteTime 方法

该方法用来获取指定文件（包括路径）的上一次写入日期和时间，其语法格式为：

```
File.GetLaseWriteTime(文件名)
```

如果方法调用成功，则返回上一次写入的日期和时间。

7. Delete 方法

该方法可以删除指定的文件，其语法格式为：

```
File.Delete(文件名)
```

例如：删除 C 盘上的 Mytest 目录下的 test1.txt 文件，将执行如下代码：

```
File.Delete("c:\Mytest\test1.txt")
```

8. Move 方法

该方法可以把指定的文件移到新位置，其语法格式为：

```
File.Move(源文件名,目标文件名)
```

14.2.7 目录操作

目录操作通过 Directory 类中的方法来实现。使用这些方法，可以对目录进行建立、删除、测试等操作。与文件操作相同，这些方法可以直接使用，不必通过建立实例使用。

1. CreateDirectory 方法

该方法用来建立一个子目录，要建立的子目录由"目录名"指定，其语法格式为：

```
Directory.CreateDirectory(目录名)
```

📎 **注意**

"目录名"参数所指定的是目录路径而不是文件路径，它可以包含多级子目录，无论这些子目录的前一级或前几级子目录是否存在，都可以用 CreateDirectory 方法建立。例如：

```
Directory.CreateDirectory("C:\A\VB.NET\Mytest")
```

将建立多级子目录，如图 14-2 所示。

图 14-2 用 CreateDirectory 方法建立多级子目录

2. Delete 方法

该方法可以删除指定的目录，其语法格式为：

```
Directory.Delete(目录名,[recursive])
```

其中：

（1）目录名：指定要删除的目录路径。

（2）recursive：是一个 Boolean 类型值，如果该值为 True，则执行"递归"删除，即删除指定的目录及其包含的子目录和内容；如果该值为 False，则只能一级一级地删除，即如果下一级子目录不为空，则不能删除其上一级，默认值为 False。例如：

```
Directory.Delete("C:\A\VB.NET\Mytest")
```

将删除最后一级子目录"\Mytest"。如果用

```
Directory.Delete("C:\A ")
```

删除目录"A"及其子目录，则显示出错信息。如果要删除目录"\A"及其子目录，则应加上"递归"删除选项，即：

```
Directory.Delete("C:\A ",True)
```

3. Exists 方法

Exists 方法用来指定目录是否存在，其语法格式为：

```
Directory.Exists(目录名)
```

其返回值为 Boolean 类型，如果目录存在，则返回值为 True；如果目录不存在，则返回值为 False。

4. GetCurrentDirectory 方法

GetCurrentDirectory 方法用来获取当前目录，其语法格式为：

```
Directory.GetCurrentDirectory()
```

5. Move 方法

Move 方法可以把目录及其内容移动到一个新位置，其语法格式为：

```
Directory.Move(源目录名,目标目录名)
```

📌 **注意**

"源目录名"和"目标目录名"必须在同一个根目录下，否则不能移动；此外，"目标目录名"必须是一个不存在的目录名，否则会出错。

6. GetDirectories 方法

GetDirectories 方法可以获取指定目录下的所有子目录的名字，其语法格式为：

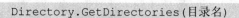

```
Directory.GetDirectories(目录名)
```

该方法的返回值是一个字符串数组，它含有"目录名"中所有子目录的名字。

14.3　设　计　过　程

14.3.1　创建项目

（1）从 Windows 的"开始"菜单中，启动 Microsoft Visual Studio.NET。

（2）在 Visual Basic.NET 集成开发环境（IDE）中，选择"文件"→"新建项目"菜单命令，打开"新建项目"对话框。

（3）选择"Windows 应用程序"，然后单击"确定"按钮。IDE 中将显示一个新的窗体，并且项目所需的文件也将添加到"解决方案资源管理器"窗口中。同时系统默认应用程序项目的名称为"WindowsApplication1"。

14.3.2　创建用户界面

本例中，需要在窗体上建立 1 个驱动器列表框 DriveListBox1、1 个目录列表框 DirList Box1 和 1 个树形视图控件 TreeView1。

本例中窗体及其上各控件的属性值如表 14-1 所示。

表 14-1　窗体及其上各控件的属性值

对　　象	属　　性	属　性　值
窗体	（名称）	Form1（系统默认）
	Text	实现文件和目录的遍历
驱动器列表框 1	（名称）	DriveListBox1（系统默认）
目录列表框 1	（名称）	DirListBox1（系统默认）
树型视图控件 1	（名称）	TreeView1（系统默认）

设计完的窗体界面如图 14-3 所示。

图 14-3　设计完的窗体界面

14.3.3 编写代码

```
    Imports System.IO
  Public Class Form1
        Inherits System.Windows.Forms.Form
        '递归添加树的节点
        Private Sub AddDirAndFiletoTree(ByVal path As String, ByVal pNode
As TreeNode)
            Dim Node As TreeNode
            Dim myfiles() As String
            myfiles=Directory.GetFiles(path) '取得所有文件
            For Each myfile As String In myfiles
                pNode.Nodes.Add("文件: " + myfile)
            Next
            Dim dirs() As String
            dirs=Directory.GetDirectories(path) '然后再遍历目录
            For Each dir As String In dirs
                If pNode Is Nothing Then '判断是否是根节点
                    Node=TreeView1.Nodes.Add("目录: " + dir) '添加根节点
                    AddDirAndFiletoTree(dir, Node) '再次递归
                Else
                    Node=pNode.Nodes.Add("目录: " + dir) '添加当前节点的子节点
                    AddDirAndFiletoTree(dir, Node) '再次递归
                End If
            Next
        End Sub
        '关联互动
        Private Sub DriveListBox1_SelectedIndexChanged(ByVal    sender    As
Object, ByVal e _
                As                    System.EventArgs)               Handles
DriveListBox1.SelectedIndexChanged
            Me.DirListBox1.Path=Me.DriveListBox1.Drive
        End Sub
        '实现遍历指定目录
        Private Sub DirListBox1_DoubleClick(ByVal sender As Object, _
    ByVal e As System.EventArgs) Handles DirListBox1.DoubleClick
            TreeView1.Nodes.Clear() '清除所有节点
            Dim MyPath As String=DirListBox1.Path '取得当前的路径
            Dim root As TreeNode
            root=TreeView1.Nodes.Add(MyPath) '添加根节点
            TreeView1.BeginUpdate() '禁止更新
            AddDirAndFiletoTree(MyPath, root) '调用自定义函数
            TreeView1.EndUpdate() '启用更新
        End Sub
  End Class
```

14.3.4 运行和测试程序

运行调试程序可以选择"调试"→"启动调试"菜单命令或按 F5 键，也可以单

击"工具栏"中的"启动调试"按钮。如果程序没有错误，程序运行结果如图 14-4 所示。

图 14-4　程序运行结果

14.4　操 作 要 点

14.4.1　文件的操作语句函数

1. Seek 函数

在 Visual Basic.NET 中，Seek 函数的功能是定位文件指针。文件被打开后，自动生成一个文件指针（隐含的），文件的读或写就从这个指针所指的位置开始。用 Append 方式打开一个文件后，文件指针指向文件的末尾，而如果用其他方式打开文件，则文件指针都指向文件的开头。完成一次读写操作后，文件指针将自动地移到下一个读写操作的起始位置，移动量的大小由 FileOpen 函数和读写语句中的参数共同决定。对于随机文件而言，其文件指针的最小移动单位是一个记录的长度，而顺序文件中文件指针移动的长度与它所读写的字符串的长度相同。Seek 函数的语法格式为：

```
Seek(文件号[,位置])
```

其中，位置是一个 Long 类型值表达式，用来指定下一个要读写的位置，其值在 1～2147483647 范围内。如果省略该参数，则 Seek 函数返回一个 Long 值，指定用 FileOpen 函数打开的文件的当前读/写位置；如果不省略该参数，则设置 FileOpen 函数打开的文件的下一个读/写操作位置。

📖 注意

（1）对于用 Input、Output 或 Append 方式打开的文件，"位置"是从文件开头到"位置"为止的字节数，即执行下一个操作的地址，文件第一个字节的位置是 1；对于用 Random 方式打开的文件，"位置"是一个记录号。

（2）在 FileGet 或 FilePut 函数中的记录号优先于由 Seek 函数确定的位置。此外，当

"位置"为零或负数时，将产生出错信息"错误的记录号"。当 Seek 函数中的"位置"在文件末尾之后时，对文件的写操作将扩展该文件。

2. FreeFile 函数

用该函数可以得到一个在程序中没有使用的文件号。当程序中打开的文件较多时，特别是当在通用过程中使用文件时，用这个函数可以避免使用其他 Sub 或 Function 过程正在使用的文件号。利用这个函数，可以把未使用的文件号赋给一个变量，用这个变量做文件号，而不必知道具体的文件号是多少。

例如，获取一个未使用的文件号，并赋值给整型变量 FileNo，将使用如下语句：

```
Dim FileNo As Integer
FileNo=FreeFile()
```

3. Loc 函数

该函数的功能是获取指定文件的当前读写位置，其语法格式为：

```
Loc(文件号)
```

其中，"文件号"是在 FileOpen 函数中使用的文件号。Loc 函数的返回值为 Long 类型。

注意

对于随机文件而言，Loc 函数返回一个记录号，它是对随机文件读或写时最后一个记录的记录号，即当前读写位置的上一个记录；对于顺序文件而言，Loc 函数返回的是从该文件被打开以来读或写的记录个数，一个记录是一个数据块。

4. LOF 函数

该函数的功能是返回给文件分配的字节数（即文件的长度），与 DOS 下用 Dir 命令所显示的数值相同，函数的返回值为 Long 类型，其语法格式为：

```
LOF(文件号)
```

在 Visual Basic.NET 中，文件的基本单位是记录，每个记录的默认长度是 128 字节，因此，对于由 Visual Basic.NET 建立的数据文件而言，LOF 函数返回的将是 128 的倍数，不一定是实际的字节数。例如，若某个文件的实际长度是 130（128×1+2）字节，则 LOF 函数的返回值是 256（128×2）字节。

5. EOF 函数

该函数的功能是测试文件的结束状态，其语法格式为：

```
EOF(文件号)
```

利用 EOF 函数的好处是可以避免在文件输入时出现"输入超出文件尾"错误。在文件输入期间，对于顺序文件而言，如果已经到达文件末尾，则 EOF 函数的返回值为 True，否则为 False。

注意

（1）对于以 Random 或 Binary 访问方式打开的文件，EOF 总是返回 False，如果最后执行 FileGet 函数未能读到一个完整的记录，则返回 True，这通常发生在试图读文件结尾以后的部分时。

（2）对于以 Binary 方式打开的文件，如果试图在 EOF 返回 True 之前用 Input 函数读取整个文件，则会产生错误。在用 Input 读取二进制文件时，可以用 LOF 和 Loc 函数代替 EOF 函数，如果使用 EOF 函数，则应使用 FileGet 函数。

（3）对于以 Output 方式打开的文件，EOF 总是返回 True。

EOF 函数常用在循环中测试是否已到文件末尾，一般结构如下：

```
Do While Not EOF(1)
        '文件读写语句
Loop
```

14.4.2　函数对文件和目录的操作

在 Visual Basic.NET 中，还提供了一些函数可以管理文件和目录，下面介绍其中的几个函数。

1．Kill 函数

该函数的功能是删除指定的文件，其语法格式为：

```
Kill(文件名)
```

其中，"文件名"可以含有路径。例如：

```
Kill(*.txt)
```

该语句将删除当前目录下的所有扩展名为.txt 的文件。

注意

Kill 函数具有一定的"危险性"，因此在执行该函数时没有任何提示信息。为了安全起见，当在应用程序中使用该函数时，一定要在删除文件前给出适当的提示信息。

2．FileCopy 函数

该函数的功能是将源文件复制为目标文件，复制后两个文件的内容完全一致，其语法格式为：

```
FileCopy(源文件名,目标文件名)
```

注意

当在一行同时定义多个常量时，用逗号进行分隔。

（1）当源文件和目标文件在同一个目录下时，可以省略路径，若不在同一个目录，则必须包括路径信息。

（2）该函数中的"源文件名"和"目标文件名"中不能含有通配符（*或？）。

（3）该函数不能复制已由 Visual Basic.NET 打开的文件。

（4）Visual Basic.NET 没有提供移动文件的函数，因此，可以将 Kill 函数和 FileCopy 函数结合使用，实现文件的移动。可以先复制源文件到目标文件，然后再删除源文件。

3. ReName 函数

ReName 函数可以对文件或目录重命名，也可以用来移动文件，其语法格式为：

```
ReName(原文件名,新文件名)
```

其中：

（1）原文件名：是一个字符串表达式，用来指定已存在的文件名（包括路径）。

（2）新文件名：也是一个字符串表达式，用来指定改名后的文件名（包括路径），它不能是已存在的文件名。

使用 ReName 函数，应注意以下几点：

（1）当"原文件名"不存在，或者"新文件名"已存在时，都会发生错误。

（2）该函数不能跨越驱动器移动文件。

（3）如果一个文件已经打开，则当用 ReName 函数对该文件重命名时将会产生错误，因此，在对一个打开的文件重命名之前，必须先关闭该文件。

14.4.3　TreeView 控件

TreeView 控件又称为树形视图控件，它也是伴随着 Windows 系统的存在而存在的。TreeView 控件通常用于显示数据索引中的条目、磁盘上的文件和目录，或者用于显示等级结构的各种其他信息，特别是层次化分明的数据结构。还可以根据用户需要来创建用户可以操作的组织树，创建能够显示至少两层或更多层的数据库树。

一个 TreeView 控件显示 Node 对象的等级体系结构，每个 Node 对象包含了一个标签和可选的点位图。在创建了一个 TreeView 控件之后，可以设置 Node 对象的属性和调用其方法增加、删除或者操纵 Node 对象。

1. 常用属性

（1）CheckBoxes 属性。

设置是否在每个目录前添加一个复选框，True 则添加，False 则不添加。

（2）FullRowSelect 属性。

设置是否将整个路径加亮显示。

（3）HotTracking 属性。

设置热点跟踪，类似超文本链接的性质，即当鼠标移动到某个目录上时，自动为项目标签添加下划线，并改变颜色，默认跟踪颜色为蓝色。

（4）ImageList 属性。

设置属于该 TreeView 控件的 ImageList 控件，该 ImageList 控件为目录节点 Nodes 提供图标。

（5）ImageIndex 属性。

设置各个节点 Nodes 未被选中时的默认图标。

（6）Indent 属性。

设置父子节点之间的水平缩进量。

（7）LabelEdit 属性。

设置节点的标签是否可以被编辑，True 值表示可以被编辑，False 值则表示不能被编辑。

（8）Nodes 属性。

它是 TreeView 最重要的属性，是一个集合属性，包含 TreeView 控件的所有节点信息，用来为 TreeView 控件添加树形节点。

2．常用事件

（1）BeforeCollapse 事件和 AfterCollapse 事件。

当节点折叠"前"、"后"触发。所谓折叠是指某个父节点下面包含若干个子节点，当子节点展开时，点击父节点使子节点收敛就称为折叠 Collapse。

（2）BeforeExpand 事件和 AfterExpand 事件。

与上面的 BeforeCollapse 事件和 AfterCollapse 事件相对应，当节点展开"前"、"后"触发该事件。

（3）BeforeSelected 事件和 AfterSelected 事件。

在选中节点"前"、"后"触发。AfterSelected 事件是在设计器上双击 TreeView 控件默认展开的事件，也是最常用的 TreeView 事件。

3．常用方法

（1）CollapseAll 方法。

```
CollapseAll 方法的调用格式为
    TreeViewName.CollapseAll()
```

执行该方法后，将把所有 TreeView 控件中展开的节点折叠起来。

（2）ExpandAll 方法。

```
ExpandAll 方法的调用格式为
    TreeViewName.ExpandAll()
```

执行该方法后，将把所有 TreeView 控件中折叠起来的节点都展开。

（3）GetNodeAt 方法。

GetNodeAt 方法有两种调用格式：

① 一个参数的调用格式。

```
Dim node As TreeNode
node=TreeViewName. GetNodeAt(pt As Point)
```

其中，pt 为系统节点，node 为调用该方法后返回的该点处的节点。可以在 TreeView 控件相关的鼠标事件中使用该方法，在调用该方法前，先定义 pt，然后让 pt 获得鼠标信息。

② 两个参数的调用格式。

```
Dim node As TreeNode
node=TreeViewName. GetNodeAt(x As Integer, y As Integer)
```

其中，x 和 y 为坐标值，可以在鼠标事件中获得，node 为调用该方法后返回的该点处的节点。执行该方法后，返回特定点处的节点。

（4）GetNodeCount 方法。

```
GetNodeCount 方法的调用格式为
    Dim value As Integer
    value =TreeViewName. GetNodeCount(includeSubTrees As Boolean)
```

其中，includeSubTrees 为布尔型参数，当设置为 True 时则包含子目录，False 时则不包含子目录，value 为调用该方法后返回的节点的总数。执行该方法后，将返回 TreeView 控件中的节点数。

14.5 实 训 项 目

【实训 14-1】　顺序文件的读写

1．实训目的

（1）掌握文件的作用和分类方法。
（2）掌握顺序文件的特点。
（3）掌握顺序文件的打开方式和读写函数的应用。

2．实训要求

（1）设计界面如图 14-5 所示，单击"打开"按钮，通过"打开"对话框指定要打开的文件，打开文件后将其数据读取到文本框中。

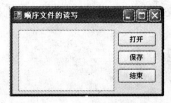

图 14-5 【实训 14-1】设计界面

（2）单击"保存"按钮，则将修改后的数据覆盖原有的数据。

任务 15

设计一个学生成绩管理系统

15.1 任务要求

　　学生成绩管理系统是一个非常通用的信息管理系统，很多学校都需拥有自己的学生成绩管理系统，以便对本校学生的基本信息和学习情况进行管理。本章将利用 Visual Basic.NET 设计一个学生成绩管理系统，其主要包括学生管理、课程管理、选课信息查询和系统用户管理 4 个部分。

15.2 知识要点

15.2.1 数据库的基本概念

　　数据库管理已经成为现代管理信息系统强有力的工具，数据库根据组织的方式不同而有不同的类型，比较常见的有 3 种，分别为网络模型数据库、层次结构数据库和关系型数据库。目前，最流行的数据库就是关系型数据库。

1．与关系型数据库相关的基本概念

（1）数据（Data）。数据是描述事物的符号，是对事实、概念或指令的特殊表达形式，例如，数字、文字、声音等都是数据，人们通过数据来认识世界，交流信息。

（2）数据库（Database，DB）。数据库是存放数据的地方，严格定义为具有较高数据独立性与较少冗余度，有一定的数据安全性与完整性保障的共享数据的集合，数据库具有共享性、持久性和组织性。

数据库是数据和数据库对象的集合，数据库对象是指表（Table）、视图（View）、存储过程（Stored Procedure）和触发器（Trigger）等。

（3）数据库管理系统（Database Management System，DBMS）。数据库管理系统是用于维护数据库的计算机软件。数据库管理系统使用户能方便地定义和操纵数据，维护数据库的安全性和完整性，以及进行多用户下的并发控制和数据恢复。对数据库的管理需要通过DBMS实现。

DBMS是数据库管理的中枢机构，是数据库系统具有数据共享、并发访问和数据独立性的根本保障。为了实现这些重要功能，DBMS一般提供相应的数据子语言（Data Sublanguage）。

一般情况下，DBMS提供的数据子语言可以分为3类：数据定义语言、数据操作语言和数据控制语言，这些语言都是非过程性语言。

通常提到的数据库的性能，大部分是指DBMS的整体性能。

（4）数据库系统（DataSystem，DBS）。数据库系统是引入数据库之后的计算机系统，该系统的目标是存储数据信息并支持用户检索和更新所需要的数据信息。

数据库系统包括许多部分，狭义地讲，DBS由数据库、数据库管理系统和用户构成；广义地讲，DBS由计算机硬件、操作系统、数据库管理系统，以及在它支持下建立起来的数据库、应用程序、用户和维护人员构成。

2．数据库中的基本概念

（1）表。表是由行与列组成的二维结构。图15-1所示为一个关于学生信息的二维表。

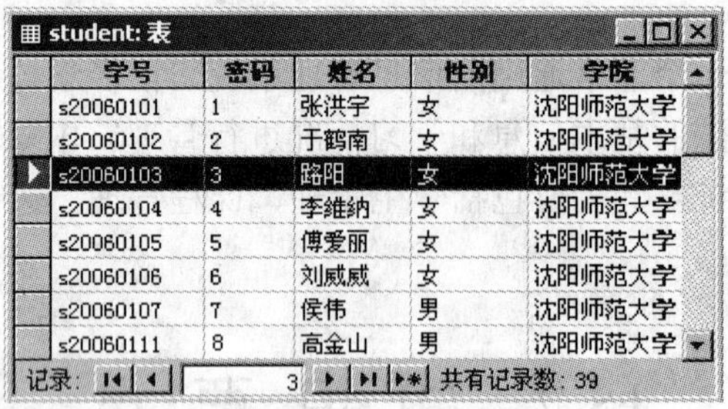
student: 表

学号	密码	姓名	性别	学院
s20060101	1	张洪宇	女	沈阳师范大学
s20060102	2	于鹤南	女	沈阳师范大学
s20060103	3	路阳	女	沈阳师范大学
s20060104	4	李维纳	女	沈阳师范大学
s20060105	5	傅爱丽	女	沈阳师范大学
s20060106	6	刘威威	女	沈阳师范大学
s20060107	7	侯伟	男	沈阳师范大学
s20060111	8	高金山	男	沈阳师范大学

记录: 3 共有记录数: 39

图15-1　关于学生信息的二维表

（2）记录与记录集。数据库表中的一行称为一条记录。表中不存在完全相同的两条记录。

记录集是由一条或多条记录构成的集合。记录集存放查询的结果，可以是一个表或它的一部分，也可以是多个表中的数据集合。

数据库中的数据不允许用户直接访问，只能生成记录集，用户通过记录集对象进行记录的浏览和操作。

（3）字段。数据库表中的每一列称做一个字段。一个字段描述记录对象的一个属性。设计表时，首先要确定字段及每个字段的字段名、数据类型、宽度等，然后才能添加记录。

（4）关键字。关键字就是表中用来索引一个或多个字段。用来唯一标识表的某行。如学生表 student 中的"学号"字段。

（5）索引。索引是指比数据库表搜索更快的排序列表。它是在数据库基本表的特定列上生成的，每个索引输入项指向与其相关的数据库记录。

15.2.2　SQL 概述

SQL（Structured Query Language）是由 Boyce 和 Chamberlin 最先提出的，它是一种介于关系代数与关系演算之间的语言，其功能包括查询、操纵、定义和控制 4 个方面，是一种通用的、功能极其强大的关系数据库语言。本节只针对 Visual Basic.NET 中的主要应用做简单的介绍。

1．SQL 的特点及基本概念

（1）特点。SQL 目前已经成为用户和业界接受的国际标准语言，它包括数据查询、数据操纵、数据定义和数据控制功能，具有以下特点。

① 综合统一。

② 非过程化。

③ 面向集成。

④ 一种语法结构，两种使用方式。

⑤ 简单易学。

（2）基本概念。SQL 支持关系数据库三级模式结构，其中，外模式对应于视图（View）和部分基本表（Base Table），模式对应于基本表，内模式对应于存储文件。

基本表是本身独立存在的表，在 SQL 中一个关系就对应一个表。一些基本表对应一个存储文件，一个表可以带若干个索引，索引也存放在存储文件中。

存储文件的逻辑结构组成了关系数据库的内模式。存储文件的物理结构是任意的，对用户是透明的。

视图本身不独立存储在数据库中，它是从基本表或其他视图中导出的表。数据库中只存放视图的定义而不存放视图对应的数据，因此，视图是一个虚表。用户可以用 SQL 对视图和基本表进行查询，对 SQL 而言，视图和基本表都是关系，而存储文件是透明的。

2．数据定义

由于关系数据库支持的三级模式结构的各个模式的基本对象有表、视图和索引，因此，SQL 的数据定义功能包括定义表、定义视图和定义索引，如表 15-1 所示。

表 15-1　SQL 的数据定义功能

操 作 对 象	操 作 方 式		
	创建	删除	修改
表	CREATE TABLE	DROP TABLE	ALTER TABLE
视图	CREATE VIEW	DROP VIEW	
索引	CREATE INDEX	DROP INDEX	

3. 数据查询

数据查询是 SQL 的核心功能。SELECT 语句是进行查询的核心语句，该语句具有复杂的参数和丰富的功能以及灵活的使用方式，它有 5 个主要的子句，其语法格式为：

```
SELECT [ALL|DISTINCT]<目标列表达式>[,<目标列表达式>]…
FROM <表名或视图名>[,<表名或视图名>]…
[WHERE <条件表达式>]
[GROUP BY <列名 1>[HAVING <条件表达式>]]
[ORDER BY <列名 2>[ASC|DESC]];
```

整个 SELECT 语句的含义是，根据 WHERE 子句的条件表达式，从 FROM 子句指定的基本表或视图中找出满足条件的元素，再按 SELECT 子句中的目标表达式，选出元组中的属性值形成结果表。如果有 GROUP 子句，则将结果按<列名 1>的值进行分组，该属性列中值相等的元素为一个组，每个组生成结果表中的一条记录。通常会在每组中作用集函数。如果 GROUP 子句带有 HAVING 短语，则只有满足指定条件的组才予以输出。如果有 ORDER BY 子句，则结果还要按<列名 2>的值进行升序或降序排列。

数据查询包括单表查询、连接查询和嵌套查询，下面以学生成绩数据库为例分别进行介绍。学生成绩数据库包括 3 个表：

学生基本信息表：Student（Sno，Sname，Ssex，Sage，Sdept）。

课程信息表：Course（Cno，Cname，Cpno，Ccredit）。

学生成绩表：SC（Sno，Cno，Grade）。

（1）单表查询。单表查询是指仅涉及一个表的查询。

① 查询指定条件。在很多情况下，用户只对表中的一部分属性列感兴趣，这时可以通过在 SELECT 子句的<目标列表达式>中指定要查询的属性。

【例 15-1】 查询全体学生的学号和姓名。

```
SELECT Sno,Sname
FROM Student;
```

② 查询全部列。将表中的所有属性列都列出来，有两种方法：一种是列出全部的属性名；另一种是，如果列的显示顺序与其在基本表中的顺序相同，则将<目标列表达式>指定为*。

【例 15-2】 查询全体学生的详细记录。

```
方法一：SELECT Sno,Sname,Ssex,Sage,Sdupt
FROM Student;
方法二：SELECT *
FROM Student;
```

③ 查询经过计算的值。

【例 15-3】 计算全体学生的姓名及其出生年份。

```
SELECT Sname,2008-Sage
FROM Student;
```

④ 消除取值重复的行。

【例 15-4】 查询选修了课程的学生学号。

```
SELECT DISTINCT Sno
FROM SC;
```

⑤ 查询满足条件的元组。查询满足指定条件的元组可以通过 WHERE 子句实现，WHERE 子句常用的查询条件如表 15-2 所示。

表 15-2　WHERE 子句常用的查询条件

查　询　条　件	谓　　词
比较	=, >, <, >=, <=, !=, <>, !>, !<; NOT+上述比较运算符
确定范围	BETWEEN AND，NOT BETWEEN AND
确定集合	IN，NOT IN
字符匹配	LIKE，NOT LIKE
空值	IS NULL，IS NOT NULL
多重条件	AND，OR

a．比较大小。

【例 15-5】 查询所有年龄在 20 岁以下的学生姓名及其年龄。

```
SELECT Sname, Sage
FROM Student
WHERE Sage<20;
```

b．确定范围。

【例 15-6】 查询年龄在 20～23（包括 20 岁和 23 岁）岁之间的学生姓名。

```
SELECT Sname
FROM Student
WHERE Sage BETWEEN 20 AND 23;
```

c．确定集合。

谓词 IN 可以用来查找属性值属于指定集合的元组。

【例 15-7】 查询计算机系（Cumputer）学生的姓名和性别。

```
SELECT Sname,Ssex
FROM Student
WHERE Sdept IN ('Cumputer');
```

d．字符匹配。

谓词 LIKE 可以用来进行字符串的匹配，其一般语法格式为：

```
[NOT] LIKE '<匹配串>' [ESCAPE '<换码字符>']
```

其含义是查找指定的属性列值与<匹配串>相匹配的元组，<匹配串>可以是一个完整的字符串，也可以含有通配符“%”和“_”，其中：

%（百分号）：代表任意长度的字符串；

_（下划线）：代表任意单个字符。

【例15-8】 查询所有姓李的学生姓名和学号。

```
SELECT Sname, Sno
FROM Student
WHERE Sname LIKE '李%';
```

e．涉及空值查询。

【例15-9】 查询所有有成绩的学生学号和课程号。

```
SELECT Sno,Cno
FROM SC
WHERE Grade IS NOT NULL;
```

f．多条件查询。

逻辑运算符 AND 和 OR 可以用来连接多个查询条件。AND 的优先级高于 OR，但用户可以用括号改变其优先级。

【例15-10】 查询计算机系年龄在 20 岁以下的学生姓名。

```
SELECT Sname
FROM Student
WHERE Sdept='Cumputer' AND Sage<20;
```

⑥ 对查询结果排序。

【例15-11】 查询选修了 5 号课程的学生学号及成绩，查询结果按分数的降序排列。

```
SELECT Sno,Grade
FROM SC
WHERE Cno='5'
ORDER BU Grade DESC;
```

对于空值，若按升序排列，含空值的元组将最后显示；若按降序排列，含空值的元组也将最后显示。

⑦ 使用集函数。

为了方便用户，增强检索功能，SQL 提供了许多集函数，主要有：

```
COUNT（[DISTINCT|ALL] *）：        统计元组个数
COUNT（[DISTINCT|ALL]<列名>）：     统计一列中值的个数
SUM（[DISTINCT|ALL]<列名>）：       计算一列值的总和（此列必须是数值型）
AVG（[DISTINCT|ALL]<列名>）：       计算一列值的平均值（此列必须是数值型）
MAX（[DISTINCT|ALL]<列名>）：       求一列值中的最大值
MIN（[DISTINCT|ALL]<列名>）：       求一列值中的最小值
```

【例15-12】 查询学生总人数。

```
SELECT COUNT（*）
FROM Student;
```

⑧ 对查询结果分组。

【例 15-13】　求各个课程号及相应选课人数。

```
SELECT Cno,COUNT(Sno)
FROM SC
GROUP BY Cno;
```

（2）连接查询。若一个查询同时涉及两个以上的表，则称之为连接查询。连接查询是关系数据库中最主要的查询。

① 等值与非等值连接查询。

【例 15-14】　查询每个学生及其选修课程的情况。

```
SELECT Student.*,SC.*
FROM Student,SC
WHERE Student.Sno=SC.Sno;
```

② 复合条件连接。

【例 15-15】　查询选修 5 号课程且成绩在 90 分以上的所有学生。

```
SELECT Student.Sno,Sname
FROM Student,SC
WHERE Student.Sno=SC.Sno AND
      SC.Cno='5' AND
      SC.Grade>90
```

（3）嵌套查询。在 SQL 语言中，一个 SELECT-FROM-WHERE 语句称为一个查询块。将一个查询块嵌套在另一个查询块的 WHERE 子句或 HAVING 短语的条件中的查询称为嵌套查询。上层的查询块称为外层查询或父查询，下层的查询块称为内层查询或子查询。注意，子查询的 SELECT 语句中不能使用 ORDER BY 子句，ORDER BY 子句只能对最终查询结果排序。

① 带有 IN 谓词的子查询。

【例 15-16】　查询与"李阳"在同一个系学习的学生。

```
SELECT Sno,Sname,Sdept
FROM Student
WHERE Sdept IN
      (SELECT Sdept
       FROM Student
       WHERE Sname='李阳');
```

② 带有比较运算符的子查询。

【例 15-17】　的第二种解法。

```
SELECT Sno,Sname,Sdept
FROM Student
WHERE Sdept =
      (SELECT Sdept
       FROM Student
       WHERE Sname='李阳');
```

4.数据更新

数据更新操作主要有三种：数据添加（INSERT）、数据修改（UPDATE）和数据删除（DELETE）。

（1）数据添加。INSERT 语句的功能是向数据库中输入数据，它有两种格式，分别为：

① INSERT VALUES 语句。

该语句的功能是每次向表中输入一条记录，适用于输入语句比较少的情况。该语句的语法格式如下：

```
INSERT INTO tableName (col1,col2…) VALUES (value1,value2…)
```

该语句的使用规则：

● 所要插入的数值与它所对应的字段必须具有相同的数据类型。

● 数据的长度必须小于字段定义的长度。

● 插入的数值列必须与字段的列表相对应。

例如：向学生基本信息表 stuInfo 中插入一条记录，用如下 SQL 语句：

```
INSERT INTO stuInfo (ID,NAME,AGE,BIRTHDAY) VALUES ('0601', '张丹',19,
'1986-3-6')
```

如果要添加的数据项为空值，可直接用 NULL 代替需要添加的值。

② INSERT SELECT 语句。

该语句的功能是通过查询将另一张表中的记录值添加到指定表中，即将一个 SELECT 语句的输出结果输入另一个表中去，其语法格式如下：

```
INSERT INTO tableName1 (col1,col2…) SELECT col1,col2… FROM tableName2
WHERE condition
```

例如：有一张新表 student 结构与 stuInfo 相同，现将 stuInfo 表中的所有数据复制一份到表 student 中，使用的 SQL 语句如下：

```
INSERT INTO student(ID,NAME,AGE,BIRTHDAY) SELECT * FROM stuInfo
```

（2）数据修改。UPDATE 语句的功能是对已经存在的记录内容进行修改，其语法格式如下：

```
UPDATE tableName SET col1=val1[,col2=val2…] WHERE condition
```

该语句首先将检查 WHERE 子句，对于符合 WHERE 子句条件的记录将会用给定的数据进行更新。例如，对学号 ID 为 0603 的学生信息进行更新。姓名：李浩，年龄：19，出生年月日：1989-2-3。SQL 语句如下：

```
UPDATE stuInfo SET NAME="李浩",AGE=19,BIRTHDAY="1989-2-3" WHERE ID="0603"
```

（3）数据删除。DELETE 语句的功能是删除数据库中指定的数据，其语法格式如下：

```
DELETE FROM tableName WHERE condition
```

📖 **注意**

由于该语句在执行过程中不会出现确认提示信息，因此，为了避免用户的误操作，需要编程人员自己编写代码来提示用户，当用户确认后再执行该语句。

DELETE 语句和 WHERE 子句组合，可以完成以下功能：

① 删除一行。

例如：DELETE FROM stuInfo WHERE ID="0601"

② 删除多行。

例如：DELETE FROM stuInfo WHERE AGE>18

③ 删除所有行。

例如：DELETE FROM stuInfo

④ 一行也不删除。

例如：DELETE FROM stuInfo WHERE AGE<0

15.2.3 Connection 和 Command 对象

1. ADO.NET 模型

ADO.NET 是基于.NET 框架结构、面向分布式和以 XML 数据格式为核心的数据访问技术，它提供了一组数据访问服务的类，可用于对 Microsoft SQL Server、Access、Oracle 和数据文件等数据源及通过 OLE DB 和 XML 公开的数据源的一致访问。

ADO.NET 统一了数据容器类编程接口，无论编写任何种应用程序（Windows 窗体、Web 窗体、Web 服务）都可以通过同一组类来处理数据。无论后台数据源是 SQL Server 数据库、Oracle 数据库、其他数据库、XML 文件，还是一个文本文件，都使用一样的方式来处理它们。同时，为了方便程序员使用，ADO.NET 还提供了一组丰富的的控件，利用可视化方式开发数据库应用。

ADO.NET 模型如图 15-2 所示，它包括两大核心控件，他们分别是.NET Framework 数据提供程序和 DataSet 数据集。

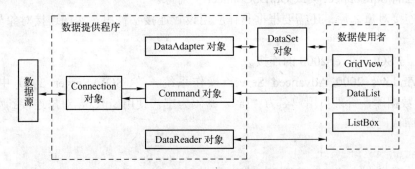

图 15-2 ADO.NET 模型

.NET Framework 数据提供程序用于连接到数据库、执行命令和检索结果。.NET 框架提供 3 种.NET Framework 数据提供程序：SQL Server .NET Framework 数据提供程序、OLE DB .NET Framework 数据提供程序和 ODBC .NET Framework 数据提供程序。

（1）SQL Server .NET Framework 数据提供程序位于命名空间 System.Data.SqlClient 中，用于直接访问 SQL Server。

（2）OLE DB .NET Framework 数据提供程序位于 System.Data.OleDb 命名空间中，用于访问 OLE DB 数据源。

（3）ODBC .NET Framework 数据提供程序位于 System.Data.ODBC 命名空间中，用于访问 ODBC 数据源。

使用 ADO.NET 模型存取数据源一般步骤如下：

① 选择数据源，即需要操纵的数据源 SQL Server、Access、文本文件等。确定数据源之后就可以选择相应的.NET Framework 数据提供程序。

② 建立与数据源的连接。

③ 使用数据集对获得的数据进行各种操作，即利用 DataReader 对象或 DataSet 对象缓存数据。

④ 使用各种数据控件进行数据绑定，如使用 DataList 控件等。

2．Connection 对象

Connection 对象是专门为创建数据库连接而提供的。如果使用的是 SQL Server 数据源，那么在代码中应具体使用 SqlConnect 类的对象；如果使用的是 OLE DB 数据源，那么在代码中具体使用的是 OqlDbConnect 类的对象。

创建 Connection 对象常用的方法有如下两种：

（1）使用 New 关键字创建一个 SqlConnect 类或 OqlDbConnect 类的一个对象。例如：

```
Dim sqlCon As New SqlConnect()
```

或

```
Dim OleCon As New OqlDbConnect()
```

（2）利用工具箱"数据"选项卡中的控件。在窗体设计窗口中，双击工具箱中的 SqlConnection 控件图标或 OleDbConnection 控件图标，将控件添加到窗体下方，同时系统自动创建了对应的 SqlConnect 类或 OqlDbConnect 类对象。

创建了连接对象之后，还需要根据具体应用设置连接字符串，实现连接对象与数据源的连接。例如：

① 建立与 SQL Server 2000 的连接。

进入 Windows 2000 Advanced Server 操作系统，在 SQL Server 2000 中创建名为"teacher"的数据库，管理员用户名为"sa"，密码为空。使用 sqlCon 对象连接到刚刚建立的 teacher 数据库代码如下：

```
Dim teaCon As String
teaCon="user id=sa;password=;" & "initial catalog=teacher;data source=
(local);" &_
       "connect Timeout=5"
sqlCon.ConnectionString=teaCon
```

② 建立与 Access 2003 的连接。

进入 Windows 2000 Advanced Server 操作系统，在 Access 2003 中创建名为"teacher"的数据库。使用 OleDbCon 对象连接到刚刚建立的 teacher 数据库代码如下：

```
Dim teaCon As String
teaCon="Provider=Microsoft.Jet.OLEDB.4.0;Data Source=rreacher.mdb
OleDbCon.ConnectionString=teaCon
```

3．Command 对象

Command 对象提供执行 SQL 命令的功能。如果使用的是 SQL Server 数据源，那么在代码中应具有使用 SqlCommand 类的对象；如果使用的是 OLE DB 数据源，那么在代码中具体使用的是 OqlDbCommand 类的对象。

（1）创建 Command 对象常用的两种方法。

① 使用 New 关键字创建一个 SqlCommand 类或 OqlDbCommand 类的一个对象。例如：

```
Dim sqlCom As New SqlCommand()
```

或：

```
Dim OleDbCom As New OleDbCommand()
```

② 利用工具箱的"数据"选项卡中的控件。在窗体设计窗口中，双击工具箱中的 SqlCommand 控件图标或 OleDbCommand 控件图标，将控件添加到窗体下方，同时系统自动创建了对应的 SqlCommand 类或 OleDbCommand 类对象。

创建 Command 对象后，利用 Connect 对象设置 Command 对象的连接属性。例如：

```
sqlCon.Open() '打开数据库连接
sqlCom.Connection=sqlCon
```

类似地，也可以通过 OLE DB 连接设置 OLE DB 命令对象的连接属性，例如：

```
OleDbCon.Open()
OleDbCom。Connection=OleDbCon
```

（2）Command 对象的两个重要属性。

① CommandText 属性。

存放的字符串是 Command 对象具体执行的命令。

② CommandType 属性。

用于设置 CommandText 属性的形式，有以下 3 种不同的选择：

● Text：默认值，表示 CommandText 的内容是 T-SQL 语句。

● TableDirect：表示 CommandText 的内容是一个或多个表名。

● StoredProcedure：表示 CommadText 的内容是一个或多个存储过程的名称。

在程序中使用 Command 对象时，需首先设置 CommandText 属性和 CommandType 属性值。例如，通过 SQL 方式连接时可以做如下设置：

```
sqlCom.CommandType=CommandType.Text
```

```
Dim comStr As String
comStr="Select * From stu1 Where sID='200601'"
```

通过 OLE DB 方式连接时设置方法类似。

（3）Command 对象的主要方法。

① ExecuteReader 方法。

执行 T-SQL 命令，生成一个 DataReader 类的对象并保留查询结果。

② ExecuteNonQuery 方法。

执行如 T-SQL INSERT、DELETE、UPDATE 和 SET 语句等命令。

③ ExecuteScalar 方法。

从数据库中检索单个值。

④ ExecuteXmlReader 方法。

将 CommandText 发送到 Connection 并生成一个 XmlReader 对象。

15.2.4 ADO.NET 的数据访问

1. ADO.NET 简介

ADO.NET 提供对 Microsoft SQL Server 等数据源，以及通过 OLE DB 和 XML 公开的数据源的一致访问。从数据操作中可以有效地将数据访问分解为多个可以单独使用或先后使用的不连续组建，包含用于连接数据库、执行命令和检索结构的数据提供程序。

（1）ADO.NET 的优点。ADO.NET 的出现，不论是从数据库的连接上还是从数据格式、数据操作及数据更新上，都有了许多变化，其优点如下：

① ADO.NET 不依赖于连续的活动连接。在传统的 C/S 应用程序中，组建在建立于数据库连接时，为了保证应用程序运行而使连接一直保持打开状态，该方法虽然可以使应用程序运行，但打开的数据库连接占用宝贵的系统资源。在 ADO.NET 中，则是以有节制地使用连接的结构中心对数据库进行访问，应用程序连接到数据库的时间足够获取或更新数据，所以数据库并未被大部分空闲的连接占用，因而它可以为更多用户提供服务。

② 使用数据命令执行数据库交互。在 ADO.NET 中，可以使用数据命令打包 SQL 语句或者存储过程。

③ 数据可被缓存到数据集中。常见数据任务是从数据库检索数据并进行下列操作：显示数据、处理数据或将数据发送给另一个组建。一般应用程序需要处理不止一条记录，而是一组记录，而所需的该组记录来自多个表。在获取了这些记录后，应用程序通常将它们成组使用，在很多情况下，每次应用程序在需要处理下一条记录时都返回到数据库来实现，因此，为了提高效率，可将数据缓存到数据集中，然后使用该数据集。

④ 数据集独立于数据源。数据集是数据库获取的数据缓存，但是数据集和数据库之间并没有任何实际关系。数据是由数据适配器执行的 SQL 命令或存储过程的结构填充，是一种容器，可以自行改变。因此数据集并不与数据源同步，而且数据集不直接绑定到数据源，它是来自多个数据源的数据的集成点。

⑤ 数据保存为 XML。在 ADO.NET 中，传输数据的格式是 XML，如果需要保存数据到文件中，则需要将其存储为 XML 格式。对于一个 XML 文件，可以像使用其他数据源一样使用，并创建数据集。

⑥ 使用 XML 架构定义。数据集的结构是基于 XML 架构定义的，如同数据集包含的数据可以从 XML 加载和序列化为 XML 一样，数据集的结构也可以从 XML 架构加载，并序列化为 XML 架构。

（2）ADO.NET 与 ADO 的比较。ADO.NET 是一个功能强大的数据操作方法，其与 ADO 的区别为：

① 数据在内存中的表示形式不同。在 ADO 中，数据是以记录集的形式存储在内存中的，而在 ADO.NET 中，则是以数据集的形式存储在内存中。两者的重要差别在于，记录集如同单个表，若要包含多个数据库的数据，必须要使用 JOIN 查询，将多个数据库的表组合到一个结果表中；相反，数据集是一个或多个表的集合，可以保存比记录集更多的数据结构，包括自关联的表和具有多对多关系的表。

② 数据导航和游标不同。在 ADO 中，使用 ADOMoveNext 方法扫描记录集的行；而在 ADO.NET 中，行即为集合，可以依次通过表或需要索引或主键索引来访问特定的行。

"游标"是数据元素，它控制记录导航、更新数据和数据库的更改，在 ADO.NET 中没有固定的游标对象，只是包含数据类，提供传统的游标功能。

③ 打开连接的时间不同。在 ADO.NET 中，打开数据库连接的时间就可以用来执行数据库操作，可以将行集合读入数据集，然后在没有保持连接的情况下使用它们。因此，数据库访问属于随用随开，占用数据库的时间可以很短。在 ADO 中，数据连接的时间是从开始连接到完成所有操作为止。

④ 传输方式不同。如果要将 ADO 中不连接的记录集从一个组建传到另一个组建，需要使用 COM 封装；而在 ADO.NET 中，则使用数据集传输 XML 流。

2．ADO.NET 的数据连接

数据连接对象实现与数据源的连接，对于不同的数据源，使用不同的连接对象。常用的数据连接对象如下：

① SqlConnection。

SqlConnection 提供了对 Microsoft Sql Server（7.0 以上版本）数据源的连接，它位于 System.Data.SqlClient. SqlConnection 命名空间。

② OleDbConnection。

OleDbConnection 提供了对 OLE DB（对象连接与嵌入数据库）的支持，主要用于 Microsoft Sql Server（6.5 以前版本）及 Access 数据源的连接。它位于 System.Data.OleDb. OleDbConnection 命名空间。

③ OdbcConnection。

OdbcConnection 提供了对 ODBC 的支持，适用于使用 ODBC 数据源的应用程序。它位于 System.Data.Odbc. OdbcConnection 命名空间。

④ OracleConnection。

OracleConnection 提供了对 Oracle 数据源的连接，它位于 System.Data.OracleClient. OracleConnection 命名空间。

数据连接的常用属性和方法如下：

① ConnectionString。

获取或设置用于打开数据库的字符串。

② Database。

获取当前数据库或连接打开后要使用的数据库的名称。

③ DataSourec。

获取数据源的服务器名或文件名。

④ State。

获取连接的当前状态。

⑤ BeginTransaction。

开始数据库事务。

⑥ ChangeDatabase。

为打开的 OleDbConnection 连接更改当前数据库。

⑦ Open。

使用 ConnectionString 所指定的属性设置打开数据库连接。

⑧ Close。

关闭到数据源的连接。

3．数据绑定

数据绑定实现了从程序前台的控件到后台数据源之间的透明连接，设计者只需要将控件的适当属性与数据源相连接，而不需要知道它如何实现对数据源的访问。

数据绑定可以分为简单数据绑定和复杂数据绑定。简单数据绑定是将数据源中的某个控件与某个属性建立绑定，通常是通过控件的 DataBindings 集合属性的成员来实现。复杂数据绑定是将一个控件绑定到一个集合中（Collection），而不是绑定到集合的某个数据元素上。

（1）简单绑定控件。可以进行简单绑定的控件有文本框、标签、按钮、复选框和单选按钮等。

① 文本框。展开文本框"属性窗口"的 DataBindings 类，文本框的 Tag 属性和 Text 属性都能进行绑定。单击右侧的"下拉"按钮，可以将它绑定到数据源的某一个字段上。此外，单击 Advanced 属性右侧的按钮，可以将它和其他属性绑定到数据源中与属性相同数据类型的字段上，其他控件也可以进行同样的高级数据绑定。

② 标签。基本操作同文本框，不同的是文本框的绑定可以对数据进行修改，而标签的绑定则通常只用于浏览。

③ 按钮。其绑定方法同文本框，只是很少对按钮进行绑定。

④ 复选框。其常用的绑定属性有 DataBindings 属性下的 CheckAlign、Checked、CheckState、Tag 和 Text，这些属性可以与相同数据类型的字段进行绑定。

⑤ 单选按钮。其常用的绑定属性有 DataBindings 属性下的 CheckAlign、Tag 和 Text，这些属性可以与相同数据类型的字段进行绑定。

（2）复杂绑定控件。复杂绑定控件（如 DataGrid、ListBox）可以同时显示多个数据项。

常用的复杂绑定的空间有数据表格 DataGrid、列表框 ListBox 和组合框 ComboBox，其常用的绑定属性有：

① DataSource。绑定到数据源，通常是数据集。

② DataMember。绑定到所使用的数据集中的数据成员，通常是数据集中的表。

③ DisplayMember。绑定到控件的当前显示字段。

④ ValueMember。绑定到控件的值属性。

15.3　设　计　过　程

15.3.1　结构特性设计

1．ER 图

学生成绩管理系统的实体关系模型如图 15-3 所示。

图 15-3　学生成绩管理系统的实体关系模型

2．数据库表单

根据 ER 图，系统需要建立 4 张表，分别为学生表、课程表、选修课程表和管理员用户表，这 4 张表建立在 student 数据库中，数据库采用 Access 数据库。

（1）学生表 Student，数据表结构如表 15-3 所示。

表 15-3　Student 数据表结构

字 段 名 称	数 据 类 型	说　　明
SNO（主键）	文本	学生学号
SNAME	文本	学生姓名
SEX	文本	性别
BIRTHDAY	文本	出生年月
DEPARTMENT	文本	系别
ID	自动编号	为编程方便引入的记录号

（2）课程表 Cource，数据表结构如表 15-4 所示。

表 15-4　Cource 数据表结构

字 段 名 称	数 据 类 型	说　明
CNO（主键）	文本	课程号
CNAME	文本	课程名称
CREDIT	数字	课程学分

（3）选修课程表 SC，数据表结构如表 15-5 所示。

表 15-5　SC 数据表结构

字 段 名 称	数 据 类 型	说　　明
SNO（主键）	文本	学生学号
CNO（主键）	文本	课程号
GRADE	数字	成绩

（4）管理员用户表 User，数据表结构如表 15-6 所示。

表 15-6　User 数据表结构

字 段 名 称	数 据 类 型	说　　明
UserID（主键）	文本	用户号
UserNAME	文本	用户名
Password	文本	用户密码

15.3.2　功能特性设计

该系统主要包括学生管理、课程管理、选课信息查询和系统用户管理 4 个功能。各模块功能图如下。

1. 主功能模块如图 15-4 所示

2. 用户管理模块如图 15-5 所示

3. 学生管理模块如图 15-6 所示

4. 课程管理模块如图 15-7 所示

5. 选课信息查询模块如图 15-8 所示

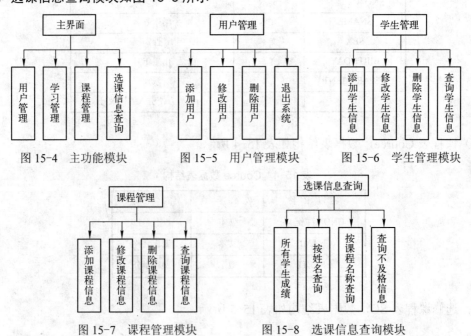

图 15-4　主功能模块　　图 15-5　用户管理模块　　图 15-6　学生管理模块

图 15-7　课程管理模块　　图 15-8　选课信息查询模块

15.3.3 系统实现

1. "学生管理"子选项卡的实现

（1）界面设计如图 15-9 所示。

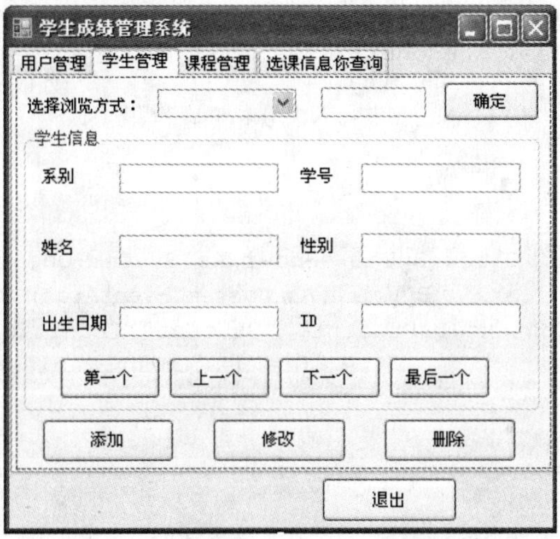

图 15-9 "学生管理"子选项卡界面设计

（2）连接数据库。

① 使用 Connection 对象建立与数据源的连接。

② 使用 Command 对象执行对数据源的操作命令，通常使用 SQL 命令。

（3）基本浏览功能。

① "第一个"按钮。

```
Private Sub btnFirst_Click(ByVal sender As System.Object, _
                    ByVal e As System.EventArgs) Handles btnFirst.
Click
    Me.BindingContext(DsStudent, "Student").Position=0
    End Sub
```

② "上一个"按钮。

```
Private Sub btnPrevious_Click(ByVal sender As System.Object, _
                    ByVal e As System.EventArgs) Handles btn
Previous.Click
    If Me.BindingContext(DsStudent, "Student").Position >= 1 Then
        Me.BindingContext(DsStudent, "Student").Position=1
    Else
        Me.BindingContext(DsStudent, "Student").Position=0
    End If
End Sub
```

③ "下一个"按钮。

```
Private Sub btnNext_Click(ByVal sender As System.Object, _
                          ByVal e As System.EventArgs) Handles btnNext.Click
     If Me.BindingContext(DsStudent, "Student").Position <_
(Me.DsStudent.Tables("Student").Rows.Count - 1) Then
        Me.BindingContext(DsStudent, "Student").Position=_
Me.BindingContext(DsStudent, "Student").Position + 1
     Else
Me.BindingContext(DsStudent, "Student").Position=_
(Me.DsStudent.Tables("Student").Rows.Count - 1)
     End If
   End Sub
```

④ "最后一个"按钮。

```
Private Sub btnLast_Click(ByVal sender As System.Object,_
                          ByVal e As System.EventArgs) Handles btnLast.Click
     Me.BindingContext(DsStudent, "Student").Position=_
                          (Me.DsStudent.Tables("Student").Rows.
Count - 1)
    End Sub
```

（4）"添加"记录。

控制各个按钮状态的自定义过程。

```
    Private Sub setall(ByVal tf As Boolean)
        '所有显示字段内容的文本框的 ReadOnly 属性值
        txtSname.ReadOnly=tf
        txtSno.ReadOnly=tf
        txtSex.ReadOnly=tf
        txtBirthday.ReadOnly=tf
        txtDepartment.ReadOnly=tf
        '按钮的 Enabled 属性
        btnLast.Enabled=tf
        btnFirst.Enabled=tf
        btnPrevious.Enabled=tf
        btnNext.Enabled=tf
    End Sub
    '"添加"按钮功能实现
  Private Sub btnAdd_Click(ByVal sender As System.Object, _
                       ByVal e As System.EventArgs) Handles btnAdd.Click
        '如果是添加完成，按钮从"添加"变成"确认"
     If btnAdd.Text="确认" Then
          '保存当前记录号
        Dim CurrentPos As Integer=Me.BindingContext(DsStudent, "Student").
Position
         If MessageBox.Show("确定要添加吗？", "学生信息-确认", _
MessageBoxButtons.OKCancel)=Windows.Forms.DialogResult.OK Then
             If Trim(txtSname.Text)="" Then
                MessageBox.Show("姓名不能为空！")
                Return
             End If
             '把用户输入到各个文本框的数据存入变量中
```

```
        Dim str_SNO As String="'" & txtSno.Text & "'"
        Dim str_SNAME As String="'" & txtSname.Text & "'"
        Dim str_SEX As String="'" & txtSex.Text & "'"
        Dim str_BIRTHDAY As String="'" & txtBirthday.Text & "'"
        Dim str_DEPARTMENT As String="'" & txtDepartment.Text & "'"
        '定义插入记录的 SQL 语句
        Dim str_Add As String="insert into _
           Student(SNO,SNAME,SEX,BIRTHDAY,DEPARTMENT) values(" _
       str_Add=str_Add & str_SNO & "," & str_SNAME & "," & str_SEX & "," &_
                          str_BIRTHDAY & "," & str_DEPARTMENT & ")"
        '打开数据库连接
        OleDbConnection1.Open()
        '设置 SQL 语句
        OleDbDataAdapter1.InsertCommand.CommandText=str_Add
        '执行插入
        OleDbDataAdapter1.InsertCommand.ExecuteNonQuery()
        '清空数据集
        DsStudent.Clear()
        '重新从数据库获取数据来填充数据集
        OleDbDataAdapter1.Fill(DsStudent)
        '显示最后一个记录
        Me.BindingContext(DsStudent, "Student").Position=_
                        Me.BindingContext(DsStudent, "Student").Count
        '关闭连接
        OleDbConnection1.Close()
    Else          '如果单击"取消"按钮
        '重新填充数据集
        DsStudent.Clear()
        OleDbDataAdapter1.Fill(DsStudent)
        '显示单击"添加"按钮前显示的记录
        Me.BindingContext(DsStudent, "Student").Position=CurrentPos
    End If
    '确认后,恢复到单击"添加"按钮前的状态
    btnAdd.Text="添加"
    setall(True)
    btnUpdate.Enabled=True
    '结束该过程
    Return
End If
'如果是"添加"按钮,即第一次单击该按钮
If btnAdd.Text="添加" Then
    txtSno.Text=""
    txtSname.Text=""
    txtSex.Text=""
    txtBirthday.Text=""
    txtDepartment.Text=""
    btnAdd.Text="确认"
    setall(False)
```

```
                btnUpdate.Enabled=False
                Return
            End If
        End Sub
```

添加记录运行界面及单击"确定"按钮后的界面分别如图 15-10 和图 15-11 所示。

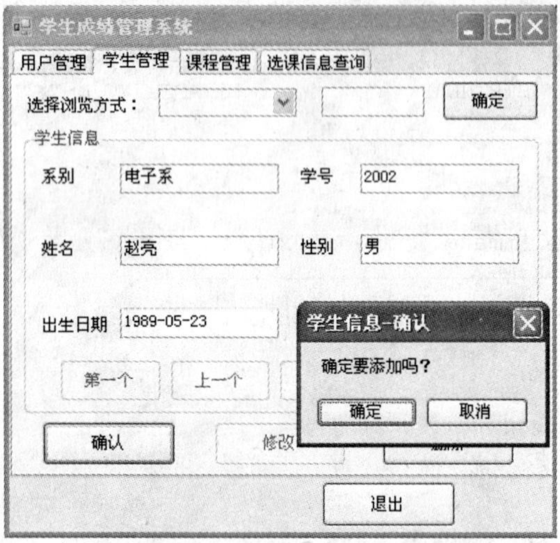

图 15-10　添加记录运行界面

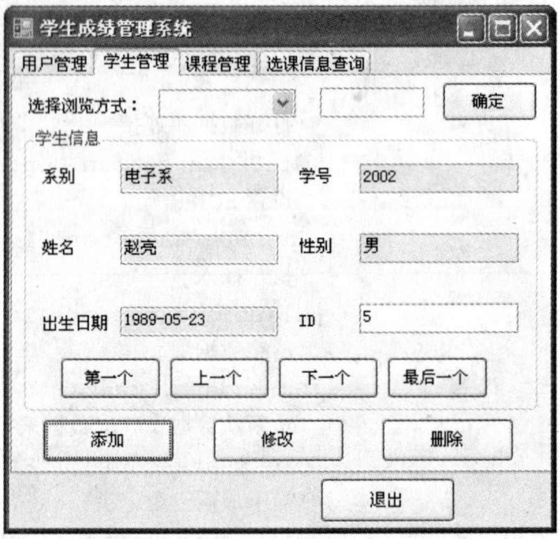

图 15-11　单击"确定"按钮后的界面

（5）"修改"记录。

```
        Private Sub btnUpdate_Click(ByVal sender As System.Object, _
                            ByVal e As System.EventArgs) Handles btn
Update.Click
            '如果是修改完成,按钮从"添加"变成"确认"
            If btnUpdate.Text="确认" Then
                '保存当前记录号
                Dim CurrentPos As Integer=Me.BindingContext(DsStudent, "Student").
Position
                If MessageBox.Show("确定要修改吗?", "学生信息-确认", _
                    MessageBoxButtons.OKCancel)=Windows.Forms.DialogResult.OK Then
                    If Trim(txtSname.Text)="" Then
                        MessageBox.Show("姓名不能为空! ")
                        Return
                    End If
                    Dim str_UPDATE As String="update student set SNO='" & txtSno.
Text &_
                    "',SNAME='" & txtSname.Text & "',SEX='" & txtSex.Text & _
                    "',BIRTHDAY='" & txtBirthday.Text & "'department='" & _
                    txtDepartment.Text & "',where ID=" & txtID.Text
                    '打开数据库连接
                    OleDbConnection1.Open()
                    '设置 SQL 语句
                    OleDbUpdateCommand1.CommandText=str_UPDATE
                    '执行修改
                    OleDbUpdateCommand1.ExecuteNonQuery()
```

```
            '清空数据集
            DsStudent.Clear()
            '重新从数据库获取数据来填充数据集
            OleDbDataAdapter1.Fill(DsStudent)
            '关闭连接
            OleDbConnection1.Close()
        Else '如果单击"取消"按钮
            '重新填充数据集
            DsStudent.Clear()
            OleDbDataAdapter1.Fill(DsStudent)
        End If
        '确认后，恢复到单击"添加"按钮前的状态
        btnUpdate.Text="修改"
        setall(True)
        btnAdd.Enabled=True
        '结束该过程
        Return
    End If
    '如果是"修改"按钮，即第一次单击该按钮
    If btnUpdate.Text="修改" Then
        setall(False)
        btnAdd.Enabled=False
        btnUpdate.Text="确认"
        Return
    End If
End Sub
```

程序运行界面与添加记录界面相似。

（6）"删除"记录。

```
    Private Sub btnDelete_Click(ByVal sender As System.Object, _
                        ByVal e As System.EventArgs) Handles btn
Delete.Click
        '保存当前记录号
        Dim      CurrentPos      As       Integer=Me.BindingContext(DsStudent,
"Student").Position
        If MessageBox.Show("确定要删除吗？", "学生信息-确认", _
            MessageBoxButtons.OKCancel)=Windows.Forms.DialogResult.OK Then
        '定义删除当前记录的 SQL 语句
        Dim str_DELETE As String="delete * from student where ID=" &
txtID.Text
        '打开数据库连接，并执行删除操作
        OleDbConnection1.Open()
        OleDbDataAdapter1.DeleteCommand.CommandText=str_DELETE
        OleDbDataAdapter1.DeleteCommand.ExecuteNonQuery()
        DsStudent.Clear()
        OleDbDataAdapter1.Fill(DsStudent, "Student")
        '如果删除的刚好是最后一条记录，那么显示数据库中删除操作后的最后一条
        '记录否则，显示被删除记录的下一条记录
        If CurrentPos >= Me.BindingContext(DsStudent, "Student").Count
Then
            CurrentPos=Me.BindingContext(DsStudent, "Student").Count
```

```
          End If
          Me.BindingContext(DsStudent, "Student").Position=CurrentPos
          '关闭连接
          OleDbConnection1.Close()
      End If
   End Sub
```

（7）简单查询学生信息。

```
    Private Sub cmbListStyle_SelectedIndexChanged(ByVal sender As System.Object, _
                                        ByVal e As System.EventArgs)
Handles cmbListStyle.SelectedIndexChanged
        If cmbListStyle.SelectedItem="按姓名查找" Then
            txtStudent.Enabled=True
        End If
        If cmbListStyle.SelectedItem="按系别查找" Then
            txtStudent.Enabled=True
        End If
    End Sub
  Private Sub btnOK_Student_Click(ByVal sender As System.Object,_
                                ByVal e As System.EventArgs) Handles
btnOK_Student.Click
        Dim str_SELECT As String="select * from Student"
        If cmbListStyle.SelectedItem="按姓名查找" Then
          str_SELECT=str_SELECT & " where SNAME='" & Trim(txtStudent.Text)
& "'"
        End If
        If cmbListStyle.SelectedItem="按系别查找" Then
          str_SELECT=str_SELECT & " where DEPARTMENT= _
                                        '" & Trim(txtStudent.Text) & "'"
        End If
        '打开连接，执行查询
        OleDbConnection1.Open()
        OleDbSelectCommand1.CommandText=str_SELECT
        OleDbSelectCommand1.ExecuteNonQuery()
        DsStudent.Clear()
        OleDbDataAdapter1.Fill(DsStudent, "Student")
        OleDbConnection1.Close()
   End Sub
```

2. "课程管理"子选项卡的实现

```
  Private Sub TabCourse_Layout(ByVal sender As Object, _
      ByVal e As System.Windows.Forms.LayoutEventArgs) Handles TabCourse.Layout
      Dim str_select As String="select * from Course"
      OleDbConnection1.Open()
      OleDbSelectCommand2.CommandText=str_select
      OleDbSelectCommand2.ExecuteNonQuery()
      DsStudent.Clear()
      OleDbDataAdapter2.Fill(DsStudent, "Course")
      OleDbConnection1.Close()
    End Sub
```

在 DataGrid1 控件中可以随意地插入、删除和修改数据，单击"保存修改到数据库"按钮即可保存，该按钮的单击事件过程如下：

```
Private Sub btnSave_Course_Click(ByVal sender As System.Object, _
            ByVal e As System.EventArgs) Handles btnSave_Course.Click
    OleDbDataAdapter2.Update(DsStudent)
    MessageBox.Show("数据库更改已经保存！")
End Sub
```

程序运行界面如图 15-12 所示。

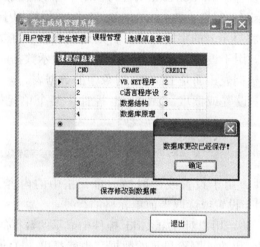

图 15-12　程序运行界面

3. 其他选项卡

"选课信息查询"子选项卡、"用户管理"子选项卡及用户登录功能的实现同上。

15.4　操　作　要　点

15.4.1　DataGrid 控件

1. DataGrid 控件的功能

DataGrid 控件是一种类似于电子数据表的绑定控件，可以显示一系列行和列来表示 DataSet 对象的记录和字段。使用 DataGrid 控件可以创建一个允许终端用户阅读和写入绝大多数数据库的应用程序。

DataGrid 控件功能非常强大，而且使用极其方便，DataGrid 可以在设计时快速进行配置，却只需少量代码或无须代码。只要在设计时设置了 DataGrid 控件的 DataSource 属性后，运行时 DataGrid 控件就会自动将数据源的记录集自动填充到控件中，并自动设置该控件的列表头，而且在数据不是只读属性的前提下，可以任意编辑显示的数据：删除、重新安排、添加列表头或调整任意一列的宽度。在运行时，可以在程序中切换 DataSource 来查看 DataSet 中不同的表。

2．DataGrid 控件的属性

DataGrid 控件有非常丰富的属性，这些属性大多数是进行 DataGrid 控件外观的设计，如边框样式、颜色，列标题的颜色、背景等，通过这些属性可以使显示的结果更加美观。下面介绍一些重要属性。

（1）AllowSorting 属性。允许排序属性，逻辑值，如果设置为 True，程序运行时，单击字段名，DataGrid 中显示的数据就按该字段内容的字母顺序进行升序或降序排序。

（2）CaptionText 属性。用于设置数据表的标题。通过与 Caption 相关的属性可以完成对标题字体、颜色等样式的设置。CaptionText 属性可以用于标识装载的表的名称。

（3）ColumnHeaderVisible 属性。ColumnHeaderVisible 属性用于设置是否显示表的字段名称。如果设置为 True，将显示表的字段名称，否则只显示表中的数据。

（4）DataSource 属性。用于设置或读取 DataGrid 控件显示数据的数据源。DataGrid 的数据源不是物理数据库中的数据表，而是 DataSet 对象中的数据表。

（5）Item 属性。用于设置或读取 DataGrid 控件中某个单元格中的数据。其调用格式为：

```
DGrid.Item(RowIndex As Integer,ColumnIndex As Integer)=Value
```

（6）CurrentCell 属性。用于设置或读取当前单元格中的内容，是集合属性，例如，CurrentCell.RowNumber 用于设置或读取当前单元格的行号。

（7）ReadOnly 属性。决定用户对 DataGrid 控件中显示的数据的修改权限。如果设置为 False，用户可以直接添加、更改或删除显示的数据，也就是更改 DataSet 对象中的数据；如果设置为 True，用户将无权修改表中的任何数据。

3．DataGrid 控件的方法

DataGrid 控件具有强大的数据处理能力，因而拥有很多方法和事件，可以以各种方式响应用户的操作。常用的方法有：

（1）BeginEdit 方法。用于激活表中某一个单元格，使之处于编辑状态。与之作用相反的方法是 EndEdit 方法。

（2）Collapse 方法。用于折叠某一行的相关行。使用该方法的前提是该行有相关的子行。与其作用相反的方法是 Expand 方法。

（3）Refresh 方法。用于接受 DataGrid 控件上所有属性的变化，并重画控件。

（4）Show 方法。用于显示 DataGrid 控件，与其相反的方法是 Hide 方法。

4．DataGrid 控件的事件

DataGrid 控件响应大多数的常用事件，包括单击、双击、鼠标和键盘事件，同时还具有一些特殊的事件，通过这些事件可以很方便地完成复杂的操作，常用的事件有：

（1）CurrentCellChanged。当前单元格发生变化时触发，也就是在焦点变化时触发。

（2）DataSourceChanged。当 DataGrid 控件的数据源发生变化时触发。

（3）ReadOnlyChanged。当 DataGrid 控件中数据的只读属性发生变化时触发。

（4）TextChanged。当 DataGrid 控件中文本发生变化时触发。

15.4.2　数据适配器（DataAdapter）

通过连接对象连接到数据源后，就可以通过连接来创建数据适配器处理数据。数据适配器负责维护与数据源的连接。

数据适配器有多种类型，具体使用哪种取决于数据源的类型，可以使用的数据适配器有 SqlDataAdapter、OleDbDataAdapter、OdbcDataAdapter 和 OracleDataAdapter，所对应的数据源类型可参考 15.3.4 节中的 2 款。

数据适配器的常用属性和方法如下：

（1）DeleteCommand。获取或设置 SQL 语句或存储过程，用于从数据集中删除记录。

（2）InsertCommand。获取或设置 SQL 语句或存储过程，用于将新记录插入到数据源中。

（3）SelectCommand。获取或设置 SQL 语句或存储过程，用于选择数据源中的记录

（4）UpdateCommand。获取或设置 SQL 语句或存储过程，用于更新数据源中的记录。

（5）Fill。在 DataSet 中添加或刷新行，以便与 ADO Recordset 或 Record 对象中的行相匹配。

（6）Update。为 DataSet 中每个已插入、已更新或已删除的行调用相应的 INSERT、UPDATE 或 DELETE 语句。

15.4.3　数据集（DataSet）

有了数据适配器后，就可以使用数据适配器生成相应的数据集（DataSet）对象，对数据的操作主要由数据集完成。

DataSet 是 ADO.NET 模型的核心构件，位于 System.Data. DataSet 命名空间，由数据库及其关系构成，它代表了一个数据"缓存"，即在程序中为数据所分配的内存空间，它在程序中模仿了关系数据库的结构。每个 DataSet 都可以包含多个 DataTable 对象，每个 DataTable 都包含来自某个数据源的数据。

DataSet 的常用属性和方法如下：

（1）DataSetName。获取或设置当前 DataSet 的名称。

（2）Tables。获取包含在 DataSet 中的表的集合。

（3）Relations。获取用于将表链接起来并允许从父表浏览到子表的关系的集合。

（4）Clear。通过移除所有表中的所有行来清除数据。

（5）Reset。将 DataSet 重置为其初始状态。

（6）AcceptChanges。提交自加载 DataSet 或上次调用 AcceptChanges 以来对 DataSet 进行的所有更改。

（7）GetChanges。获取 DataSet 的副本，该副本包含自上次加载以来或自调用 AcceptChanges 以来对该数据集进行的所有更改。

（8）Merge。将指定的 DataSet、DataTable 或 DataRow 对象的数组合并到当前的 DataSet 或 DataTable 中。

15.4.4　数据表（DataTable）

DataTable 是 DataSet 中的一个对象，它与数据库表的概念基本一致。

1. 创建一个 DataTable

创建 DataTable 与创建 DataSet 相似，可以跟一个参数用以指定表名，也可以直接指定 DataTable 的 DataName 属性，以修改其表名。

例如：

```
Dim table1 As DataTable
table1= New DataTable ("Test1")
table1.CaseSensitive=False
table1.MininumCapacity=100
```

其中：

（1）CaseSensitive：指定是否区分大小写，值为 False 则不区分。

（2）MininumCapacity：指定创建时保留给数据表的最小记录空间。

2. 创建表列

一个 DataTable 含有表列（Columns）的集合，表列的集合形成了表的数据结构，可以使用 Columns 集合的 Add 方法向表中添加表列。

添加列的常用属性有：

（1）AllowDBNull。获取或设置一个值，指示对于属于该表的行，此列中是否允许空值。

（2）AutoIncrement。获取或设置一个值，指示对于添加到该表中的新行，是否将列的值自动递增。

（3）AutoIncrementSeed。获取或设置 AutoIncrement 属性设置为 True 的列的起始值。

（4）AutoIncrementStep。获取或设置 AutoIncrement 属性设置为 True 的列值的增量。

（5）Caption。获取或设置列的标题，如果没有设置，则返回 ColumnName 的值。

（6）MaxLength。获取或设置文本列的最大长度，如果没有最大长度，则该值为-1（默认值）。

（7）ReadOnly。获取或设置一个值，指示一旦向表中添加行，该行的列值是否允许被更改。

3. 创建表达式

ADO.NET 允许创建一些依赖于表达式的列，这样可以体现列与列之间的自然联系，也可以使用这种方法达到编程的一些目的。创建表达式列首先要指定表列的 DataType 属性，它表示表达式运算结构的数据类型，然后设置表列的 Expression 属性为所需表达式。

4. 创建主键

用 DataColumn 的两个属性 AllowNull 和 Unique 来实现主键的建立，也可以通过 DataTable 对象的 PrimaryKey 属性指定主键。

任务 16

Web 应用程序

本任务要完成两个内容，一是创建一个简单的 Web 应用程序，二是实现 Web 服务的功能。

16.1 知识要点

16.1.1 使用 Web 浏览器安装终端服务客户端访问许可证

如果运行 TS 授权管理器工具的计算机没有建立 Internet 连接，但是用户可以通过其他计算机上的 Web 浏览器访问 Web，则可以使用 Web 方法完成终端服务客户端访问许可证（TSCAL）的安装过程。Web 安装方法的 URL 显示在许可证安装向导中。

Administrators 组中的成员身份或同等身份是完成此过程所需的最低要求。

使用 Web 浏览器安装终端服务客户端访问许可证的步骤如下：

单击"开始"菜单，选择"管理工具"→"终端服务"→"TS 授权管理器"命令。

右击要安装 TSCAL 的许可证服务器，然后单击"属性"按钮来验证终端服务许可证服务器的连接方法是否设置为"Web 浏览器"。在"连接方法"选项卡上，根据需要更改连接方法，然后单击"确定"按钮。

在控制台树中，右击要安装 TSCAL 的终端服务许可证服务器，单击"安装许可证"选项以打开许可证安装向导，然后单击"下一步"按钮。

在"获取客户端许可证密钥包"页上，通过单击超级链接连接到终端服务器授权网站。

如果在没有建立 Internet 连接的计算机上运行 TS 授权管理器，应记录终端服务器授权网站的地址，然后通过建立了 Internet 连接的计算机连接到该网站。

在 Windows 终端服务网页上，在"选择选项"下，单击"安装客户端访问许可证令牌"命令，然后单击"下一步"按钮。

提供下列必需信息：

● 许可证服务器 ID：一个 35 位的数字，5 个数字一组，显示在许可证安装向导的"获取客户端许可证密钥包"页上。

● 许可证计划。是选择购买 TSCAL 时使用的相应计划。

● 姓名。

● 公司名称。

● 国家/地区。

还可以提供所请求的可选信息，如公司地址、电子邮件地址和电话号码等。在组织单位字段中，可以描述此许可证服务器将处理的组织单位。

单击"下一步"按钮。

在上一页选择的"许可证计划"将确定需要在此页上提供的信息。大多数情况下，必须提供许可证代码或协议号码。请参考在购买 TSCAL 时提供的文档。此外，您还需要指定要在许可证服务器上安装的 TS CAL 类型（如 Windows Server2008 TS 设备 CAL）和数量。

输入了所需的信息之后，单击"下一步"按钮。

验证您输入的所有信息是否正确。若要将请求提交给 Microsoft Clearinghouse，则单击"下一步"按钮。然后，网页上将显示 Microsoft Clearinghouse 生成的许可证密钥包 ID。

🔍 重要事项

保留许可证密钥包 ID 的副本。在您需要获得有关恢复 TSCAL 的帮助时，准备好此信息将有助于您与 Microsoft Clearinghouse 交流。

在许可证安装向导中的"获取客户端许可证密钥包"页上，在提供的文本框中输入上一步中收到的许可证密钥包 ID，然后单击"下一步"按钮。TSCAL 将安装在终端服务许可证服务器上。

在"正在完成许可证安装向导"页上，单击"完成"按钮。现在，终端服务许可证服务器可以向连接到终端服务器的客户端颁发 TSCAL。

16.1.2　Web 窗体和 Windows 窗体的对比

1. Windows 窗体概述

在执行一个使用 Windows 窗体的程序时，只需要单击桌面图标或导航到正确的程序组文件夹，单击表示要执行的程序图标即可。Windows 操作系统将载入程序，执行代码并显示窗体。

例如，对一个数据库中的某张表单进行数据处理，窗体上有一个组合框，列出作者居住的所有省份名，当选定组合框中的一个省份，窗体的代码将向数据库发送查询，检索该省份的所有作者，并在一个数据表格中显示出来。

所有这些操作瞬间就可以完成，就发生在本地计算机的窗体代码中。窗体不仅包括了处理控件事件的代码，同时也包括了执行数据检索的代码。然而 Web 窗体却并非如此。

2．Web 窗体概述

当执行 Web 窗体时，首先必须打开一个浏览器，输入 Web 站点的 URL，该站点通常在某个 Web 服务器上。调用 Internet Information Server（IIS），查看要显示的页，并执行适当的 ASP.NET Web 页。Web 页上的代码执行过程如下：

（1）为组合框获取数据。

（2）为 Web 窗体构建 HTML。

（3）向浏览器发送该数据。

现在 Web 窗体已显示于浏览器中，可以从组合框中选择一个省份。选择一个省份后，Web 窗体将向 Web 服务器发送一个请求以得到合适的数据。接着 IIS 为 Web 窗体载入同样的 Web 页，并确定我们现在想要选择某个省份的所有作者。它将向数据库发送查询，检索该省份的所有作者。然后 IIS 为 Web 窗体建立 HTML 并向浏览器发送数据。

由此可知，当处理不是位于客户机的资源时，在浏览器和 Web 服务器之间有很多来回。这是编写 Web 应用程序时必须要考虑的。要尽可能地减少在浏览器和服务器之间来回的次数，因为每个来回都需要用户等待，并请求服务器上的资源。这也是在客户端验证输入字段很重要的原因，这样就不需要再返回服务器进行验证了。

3．Web 窗体编程

（1）设计模式。Web 窗体提供了比 Windows 窗体更为灵活的功能。当打开一个新的 ASP.NET 网站时，将出现一个设计模式下的 Web 窗体，可以从工具箱中拖放控件到窗体中，如图 16-1 所示。

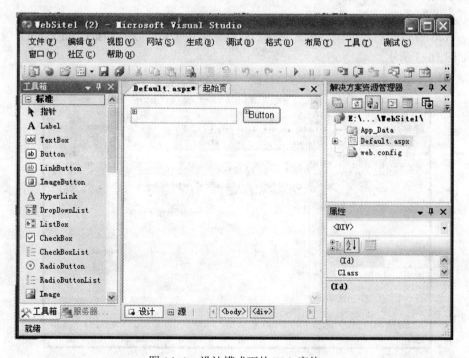

图 16-1　设计模式下的 Web 窗体

📋 **注意**

在 Web 窗体的底部有两个标签，一个是设计模式，另一个是 HTML 模式，该模式下可以查看并操作窗体的源 HTML 代码。如图 16-2 所示为 Web 窗体 HTML 模式的外观。

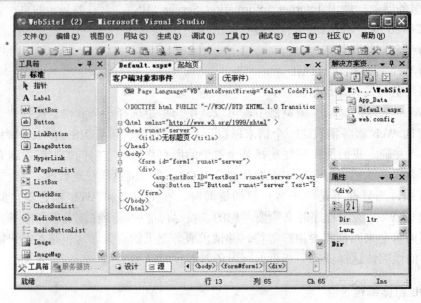

图 16-2　Web 窗体 HTML 模式的外观

（2）HTML 视图。设计视图和 HTML 视图只是定义了页面的外观。要定义页面的行为，需要编写 Visual Basic.NET 代码。Visual Basic.NET 代码放在一个单独的文件中，即后台编码文件。

（3）Web 窗体的后台编码。Web 窗体的后台编码看起来类似于 Visual Basic.NET 项目中的代码，如图 16-3 所示。

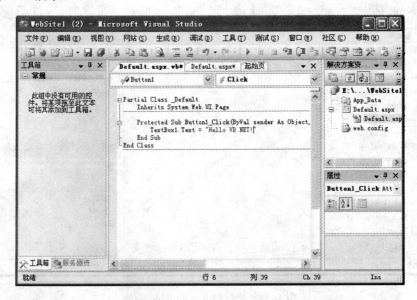

图 16-3　Web 窗体的后台编码

16.1.3 Web 服务概述

1. Web 服务应用背景

随着 Internet 功能的不断增多，新技术和应用程序不断发布，必将逐渐改变使用 Internet 的方式。由于万维网（World Wide Web）的成功，Web 服务已经成为 Internet 的下一个里程碑。

Web 是共享信息的一种极佳方式，但它的问题是，要使用 Web，必须进行人工操作。人们建立 Web 站点，浏览站点，并按人类的方式解释它。然而，建立 Web 服务后，可以让计算机自动浏览和解释，不需要人工操作。实际上，Web 服务是给计算机用的 Web 站点。这些 Web 站点实际上是动态的，因此，它们可能不包含静止不变的信息，却能响应并做出各种选择。

例如，在一个商业信息技术环境中建立计算机系统，花费最大的是要将不同的计算机系统集成起来。设想有两种软件，一种用来跟踪仓库中货物的存储量，另一种用来获取用户订单。这两种软件由不同的公司开发，并在不同时候购买。当使用第二种软件获取一份订单时，就要告诉第一种仓储软件，仓库中有一批货物已经售出。这可能会触发仓储软件中的一些自发动作，如采购以补充存储量，或是请求现货供应等。

这两种软件一起工作的情况叫做集成，但是集成一般很难，有许多安装问题需要聘请顾问组，还要花费许多费用开发制定集成软件。如果不考虑一些具体问题，Web 服务能够让集成变得简单。

2. Web 服务的工作方式

首先，Web 服务是基于完全开放的标准，不依赖于任何平台或公司。它的一部分吸引力在于，不管是在 Solaris、UNIX、Mac 还是在 Windows 上部署 Web 服务，所有用户都可以连接并使用。

其次，Web 服务的.NET 实现方式完全基于面向对象。

Web 服务的规则是构建包含方法的类，在 Web 服务中，处理过程为：

（1）开发人员构建一个对象。

（2）对象复制到一台运行 Web Server 程序的服务器上（如 Microsoft IIS）。

（3）在另一台远程计算机上运行的一段程序，请求 Web 服务器运行该类的特定方法。

（4）服务器创建类的实例并调用方法。

（5）服务器给发出请求的计算机返回方法的结果。

（6）远程计算机上的一段程序接收值并进行处理。

3. Web 服务的定义

Web 服务是一种新的 Web 应用程序分支，它可以执行从简单请求到复杂商务处理的任何功能。它可以使用标准的互联网协议，像超文本传输协议（HTTP）和 XML，其功能主要体现在互联网和企业内部网上。可将 Web 服务视做 Web 上的组件编程。一旦部署成功，其他 ASP.NET Web 应用程序可以发现并调用它部署的服务。

Web 服务是一个应用组件，它逻辑性地为其他应用程序提供数据与服务。各应用程序通过网络协议和规定的一些标准数据格式（HTTP、XML、SOAP）来访问 Web 服务，通过 Web 服务内部执行得到所需要的结果。Web 服务结合了基于组件开发各个方面的特点、网络技术和.NET 程序模型的基础。

Web 服务是一种构建应用程序的普遍模型，它可以在任何支持网络通信的操作系统中实施运行。Web 服务可以接收和生产 Message（消息），Message 的形式严格定义了 Web 服务接口。只要用户能生成和使用 Web 服务接口所规定的 Message，便可以在任何平台上通过程序化语言来执行 Web 服务。

总而言之，Web 服务是一种可作为服务传递的简单应用程序，这种服务还可以通过 Internet 标准与其他 Web 服务相结合。即 Web 服务是一种 URL 地址资源，通过 URL 可程序化地把信息返回给需要获取这种资源的客户端。Web 服务的另一个重要特点是客户端不需要知道服务器端是怎样运行的。

4．Web 服务的相关标准、协议

Web 服务是通过一系列标准和协议来保证和程序之间的动态连接和安全调用的。其中主要的标准和协议有：XML、WSDL、SOAP、HTTP、UDDI。下面就简要介绍这些标准和协议。

（1）XML。XML 即 Xtensible Markup Language，可扩展标记语言，它是描述数据的标准方法。Web 服务的基本方法是用 XML 表示命令要求的格式和数据类型。

Web Service 之间和 Web Service 与应用程序之间都是采用 XML 进行数据交换的。Web Service 由于基于 XML，Web Service 在具备 XML 带来的优势的同时，也有了 XML 所带来的缺点。其中 XML 所带来的最重要缺点就是，Web Service 将大量占有 CPU 的资源，因为 XML 数据要经过多步处理才能被系统使用。所以，即使调用一个功能较小的 Web Service，也会感觉速度很慢，所以网络中对运行 Web Service 的主机有很高的要求。

（2）SOAP。SOAP 是用在分散或分布的环境中交换信息的简单协议，它是一个基于 XML 的协议。一方面定义了一套怎样使用由 XML 表示数据的规则；另一方面，规定了扩展的 Message 格式。用 SOAP Message 格式来表示远程调用的公约，并和 HTTP 协议绑定在一起。

（3）UDDI。UDDI 为客户提供了动态查找其他 Web 服务的机制。使用 UDDI 接口，商务处理可以动态地连接到外部的商务合作者提供的服务上。一个 UDDI 注册类似于 CORBA 的 trader，也可以把它想象成商业应用程序的 DNS 服务。一个 UDDI 注册有两种客户：要发布一个服务的商务应用，以及想要得到特定服务的客户。UDDI 层在 SOAP 层之上，并假定请求和应答都是以 SOAP 消息传送 UDDI 对象。

（4）WSDL。WSDL（Web 服务描述语言）是一种 XML 语法，为服务提供者提供了描述构建在不同协议或编码方式之上的 Web 服务请求基本格式的方法。当实现了某种 Web Service 服务时，为了让别的程序调用，就必须告之此 Web Service 接口的相关信息，如服务名称，服务所在的机器名称，监听端口号，传递参数的类型等。WSDL 就是规定了有关 Web Services 描述的标准。在假定以 SOAP/HTTP/MIME 作为远程对象调用机制的情况下，WSDL 会发挥最大作用。UDDI 注册描述了 Web 服务的绝大多数方面，包括服务的绑定细节。WSDL 可以看做是 UDDI 服务描述的子集。

16.1.4 Web 服务的应用环境

1．跨越防火墙的通信

如果您的应用程序有成千上万的用户，而且他们都分布在世界各地，那么客户端和服务器之间的通信将是一个棘手的问题。那是因为客户端和服务器之间通常都会有防火墙或代理服务器。在这种情况下，想使用 DCOM 就不是那么简单的了，而且，通常您也不愿意把您的客户端程序发布到如此庞大数量的每个用户手中。于是，您最终选择了用浏览器作为客户端，写一堆 ASP 页面，把应用程序的中间层暴露给最终用户。这样做的结果只有两种，一种是开发难度增大，另一种是得到了一个根本无法维护的应用程序。

如果要在您的应用程序中加入一个新的页面：首先必须建立好用户界面（Web 页面），并且在这个页面的后面包含相应商业逻辑的中间层组件。其次，建立至少一个 ASP 页面，用来接受用户输入的信息，调用中间层组件，把结果转化为 HTML 形式，最后把"结果页"送回浏览器。但是，如果中间层组件是 Web 服务的话，则可以从用户界面直接调用中间层组件，从而省掉了建立 ASP 页面。要调用 Web 服务，可以直接使用 Moicrosoft SOAP Toolkit 或.NET 这样的 SOAP 客户端，也可以使用您自己开发的 SOAP 客户端，然后把它和您的应用程序连接起来。这样做，不仅可以缩短开发周期，减少代码的复杂度，还可以增强整个应用程序的可维护性。同时，应用程序也不再需要在每次调用中间层组件时都跳转到相应的结果页。

由此可见，在一个用户界面和中间层有较多交互的应用程序中，使用 Web 服务这种结构，可以轻松地节省在用户界面编程上的开发时间。更重要的是，可以得到一个由 Web 服务组成的中间层，这一层是完全可以在应用程序集成或其他场合下被重用的。最后，通过 Web 服务把应用程序的逻辑和数据暴露出来，还可以让其他平台上的客户重用这个应用程序。

2．应用程序集成

企业内部经常要把不同语言写成的在不同平台上运行的各种程序集成起来，而这种集成将花费很多的开发时间。应用程序经常需要从运行主机上的程序中获取数据；或者把数据发送到主机或 UNIX 应用程序中去。即使是在同一个平台上，不同的软件厂商生产的各种软件也常常需要集成起来。通过 Web 服务，应用程序可以用标准的方法把功能和数据暴露出来，供其他的应用程序使用。

3．B2B 的集成

跨公司的商务交易通常叫做 B2B 集成。Web 服务是 B2B 集成成功的关键。通过 Web 服务，可以把关键的商务应用暴露给指定的供应商和客户。

用 Web 服务来实现 B2B 集成的最大好处在于可以轻易实现互操作性。只要把商务逻辑暴露出来，成为 Web 服务，就可以让指定的合作伙伴轻松地调用商务逻辑，而不管他们的系统在什么平台上运行或者使用的是什么开发语言。

4．软件重用

软件重用是一个很大的主题，它有很多的形式和程度。最基本的形式是源代码模块或者类一级的重用。另一种形式是二进制形式的组件重用。当前，像表格控件或用户界面控件这样的可重用软件组件有很多，但这类软件都有一个很严重的限制：重用仅限于代码，而数据不能被重用。原因在于发布代码或组件是很容易的，但要发布数据就没那么容易了，除非那些数据都是不会经常变化的静态数据。

Web 服务允许在重用代码的同时，重用代码后面的数据。使用 Web 服务，只需要直接调用远端的 Web 服务即可。另一种软件重用的情况是把几个应用程序的功能集成起来。许多应用程序都会利用 Web 服务,把当前基于组件的应用程序结构扩展为组件和 Web 服务的混合结构。也可以在应用程序中使用第三方的 Web 服务提供的功能,还可以把自身的应用程序的功能通过 Web 服务提供给别人。这些情况下,都可以重用代码和代码后面的数据。总之,Web 服务将是软件重用的一种非常有力的形式。

16.2　任务要求 1

创建一个简单的 Web 应用程序,在页面上有一个标签、一个按钮和一个文本框,单击按钮,将"Hello,"同文本框中的内容一同显示在标签中。

16.3　设 计 过 程

16.3.1　创建网站

(1) 从 Windows 的"开始"菜单中,启动 Microsoft Visual Studio.NET。

(2) 在 Visual Basic.NET 集成开发环境(IDE)中,选择"文件"→"新建网站"菜单命令,打开"新建网站"对话框,如图 16-4 所示。

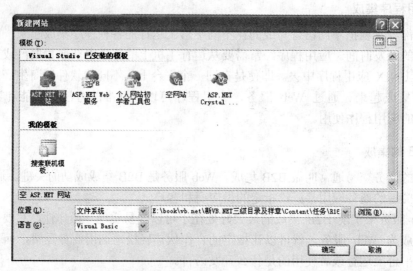

图 16-4　"新建网站"对话框

(3) 选择"ASP.NET 网站",单击"浏览"按钮,选择网站要保存的路径,然后单击"确定"按钮。在解决方案资源管理器中将出现 App_Data 文件夹、Default.aspx.vb 文件和 web.config 文件。

16.3.2　创建用户界面

在解决方案资源管理器中,右击 Default.aspx.vb 文件,在弹出菜单中选择"查看设计器"命令，将显示页面设计窗口 Default.aspx。

本例中，需要在窗体上建立 3 个标签 Label1、1 个文本框 TextBox1 和 1 个按钮 Button1。

本例中窗体及其上各控件的属性值如表 16-1 所示。

表 16-1　窗体及其上各控件的属性值

对　象	属　性	属　性　值
文本框 1	（名称）	TextBox1（系统默认）
	Text	""（空字符串）
按钮 1	（名称）	Button1（系统默认）
	Text	问候
标签 1	（名称）	Label1（系统默认）
	Text	Label1
标签 2	（名称）	Label2（系统默认）
	Text	请输入需要问候的内容
标签 3	（名称）	Label3（系统默认）
	Text	显示问候语

设计完的窗体界面如图 16-5 所示。

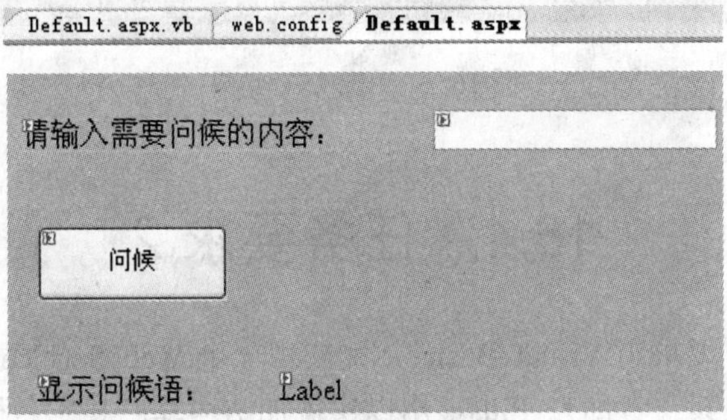

图 16-5　设计完的窗体界面

16.3.3　编写代码

在页面的代码窗口中编写代码。

```
Partial Class _Default
        Inherits System.Web.UI.Page
        Protected Sub Button1_Click(ByVal sender As Object, _
                              ByVal e As System.EventArgs) Handles
Button1.Click
            Dim str As String
            str=TextBox1.Text
            Label1.Text="Hello, " & str & "!"
        End Sub
    End Class
```

16.3.4 运行和测试程序

运行调试程序可以选择"调试"→"启动调试"菜单命令或按 F5 键，也可以单击"工具栏"中的"启动调试"按钮。如果程序没有错误，程序运行结果如图 16-6 所示。

图 16-6　程序运行结果

16.4　任务要求 2

Web 服务的实现。要求用 Visual Basic .Net 实现一个 Web Service，此 Web Service 提供了两个函数功能调用，其一名称为 Plus，用以实现加法运算；其二名称为 Minus，用以实现减法运算。

16.5　设　计　过　程

实现 Web Service 的具体步骤：

（1）启动 Visual Studio .Net。

（2）选择"文件"→"新建网站"菜单命令，弹出"新建网站"对话框。

（3）将"项目类型"设置为"Visual Basic 项目"。

（4）将"模板"设置为"ASP.NET Web 服务"。

（5）在"位置"的文本框中输入"http://localhost:81/site"后，单击"确定"按钮，这样就会在计算机 Internet 信息服务的默认目录中创建一个名称为"site"的文件夹，里面存放的是此项目的文件。"新建网站"对话框的具体设置如图 16-7 所示。

这里，考虑到由于 80 端口可能被占用，所以先定义出端口号为 81。

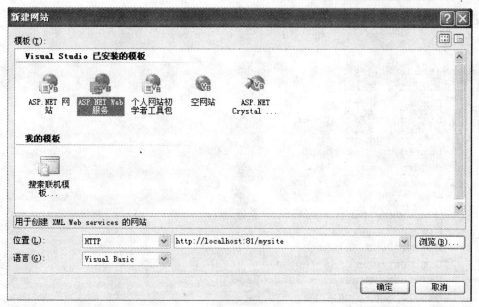

图 16-7　"新建网站"对话框的具体设置

（6）右击"解决方案资源管理器"中的"Service1.asmx"文件，在弹出的菜单中选择"查看代码"菜单命令，则进入 Service1.asmx.vb 的编辑界面，如图 16-8 所示。

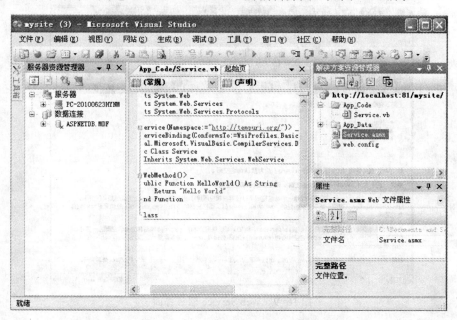

图 16-8　Service1.asmx.vb 的编辑界面

（7）在 Service1.asmx.vb 的首部，在导入命名空间的代码区中添加下列代码，其作用是导入命名空间 System.Data.SqlClient：

```
Imports System.Data.SqlClient
```

（8）在 Service1.asmx.vb 文件的"Public Class Service1 Inherits System.Web.Services.

WebService"代码后，添加下列代码。我们利用系统提供的 Web Service 默认的代码，代码如下：

```
    <WebMethod()> _
Public Function Plus()
        Dim Sum As Integer
        Dim Addend As Integer
        Dim Summand As Integer
        Sum=Addend + Summand
        Return Sum
    End Function

    <WebMethod()> Public Function Minus()
        Dim Remainder As Integer
        Dim Minuend As Integer
        Dim Subtrahend As Integer
        Remainder=Minuend - Subtrahend
        Return Remainder
    End Function
```

（9）保存后，一个简单的操作 Web Service 就完成了。按 F5 键，该 Web Service 就开始运行，并可以对外提供服务。Web Service 服务界面如图 16-9 所示。

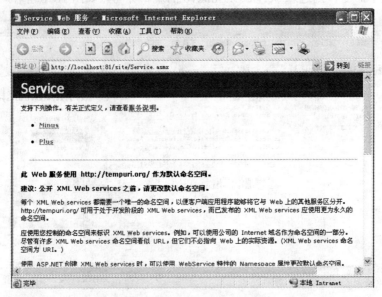

图 16-9　Web Service 服务界面

下面是完成添加 Web 引用的过程。

右击"解决方案资源管理器"，在弹出的菜单中选择"添加 Web 引用"菜单命令，在"添加 Web 引用"对话框中，如图 16-10 所示，在"地址"文本框中输入"http:// localhost: 81/site/Service.asmx"，按回车键后，可得如图 16-11 所示界面。

单击如图 16-11 所示"添加引用"按钮，即完成了 Web 引用的添加。

在 Web 引用被成功添加后，"解决方案资源管理器"中将显示出相应的 Web 服务引用项目，如图 16-12 所示。

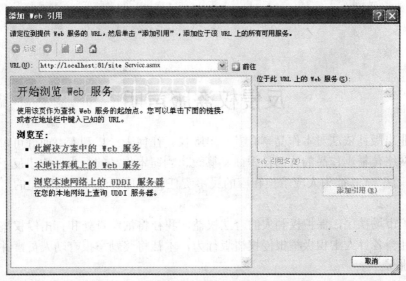

图 16-10　"添加 Web 引用"对话框

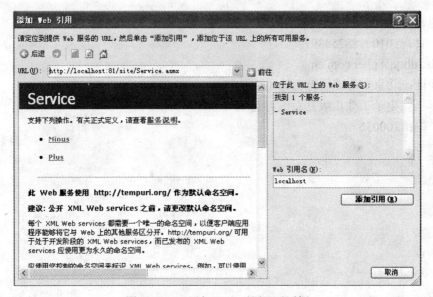

图 16-11　"添加 Web 引用"对话框

图 16-12　Web 服务引用项目

反侵权盗版声明

电子工业出版社依法对本作品享有专有出版权。任何未经权利人书面许可，复制、销售或通过信息网络传播本作品的行为；歪曲、篡改、剽窃本作品的行为，均违反了《中华人民共和国著作权法》，其行为人应承担相应的民事责任和行政责任，构成犯罪的，将被依法追究刑事责任。

为了维护市场秩序，保护权利人的合法权益，我社将依法查处和打击侵权盗版的单位和个人。欢迎社会各界人士积极举报侵权盗版行为，本社将奖励举报有功人员，并保证举报人的信息不被泄露。

举报电话：（010）88254396；（010）88258888

传　　真：（010）88254397

E-mail：dbqq@phei.com.cn

通信地址：北京市海淀区万寿路173信箱

　　　　　电子工业出版社总编办公室

邮　　编：100036